农产品微波加工理论与技术

钟汝能 著

清华大学出版社
北京

内 容 简 介

本书结合作者多年从事农业生物环境及能源工程的研究经验,针对农产品微波热加工中所涉及的若干基础性问题,从理论分析、数值模拟和实验测量等方面进行了研究,分析了物料介质特性在微波热加工中的作用原理,探究改变微波反应腔的腔体内壁结构来优化微波加热效率和加热均匀性的路径和方法、颗粒型混合物等效介电特性的通用 MGEM 计算公式,采用 MC-FEM 分析研究不同因素对多种颗粒类型混合物料的等效介电特性和局域电场分布的影响,实验测量微波频段下农(副)产品的介电特性,展望了农产品微波加工技术的应用前景,以期进一步提升农产品微波加工过程中的能量利用效率和加工效果,为促进微波技术在农业领域的应用提供有益的帮助和指导。

本书可供从事农产品微波技术应用研究的人员(学者、工程师、学生)参考阅读。

图书在版编目(CIP)数据

农产品微波加工理论与技术/钟汝能著.—北京:清华大学出版社,2024.5
ISBN 978-7-302-64502-3

Ⅰ.①农…　Ⅱ.①钟…　Ⅲ.①微波技术-应用-农产品加工　Ⅳ.①S377

中国国家版本馆 CIP 数据核字(2023)第 157549 号

责任编辑:袁　琦
封面设计:何凤霞
责任校对:欧　洋
责任印制:曹婉颖

出版发行:清华大学出版社
　　　　网　　　址:https://www.tup.com.cn,https://www.wqxuetang.com
　　　　地　　　址:北京清华大学学研大厦 A 座　　邮　　编:100084
　　　　社 总 机:010-83470000　　　　　　　　邮　　购:010-62786544
　　　　投稿与读者服务:010-62776969,c-service@tup.tsinghua.edu.cn
　　　　质量反馈:010-62772015,zhiliang@tup.tsinghua.edu.cn
印 装 者:涿州市般润文化传播有限公司
经　　销:全国新华书店
开　　本:185mm×260mm　　印　张:11.5　　　　　　字　　数:298 千字
版　　次:2024 年 5 月第 1 版　　　　　　　　　　印　　次:2024 年 5 月第 1 次印刷
定　　价:65.00 元

产品编号:100456-01

前 言

　　我国农业资源丰富,主要农产品的产量位居世界首位,但是农产品加工业的发展仍处于较低水平。产后损失是农产品加工业发展的瓶颈之一。大力推进农产品加工技术高新化,针对现代农产品加工开展关键核心和共性技术攻关,是我国从农业大国走向农业强国的必经之路,对国民经济的发展具有十分重要的意义。在新的发展阶段,我国农业将逐步由传统农业向市场化、科技化和生态化农业转变,最终实现农业现代化和可持续发展。

　　微波是 20 世纪初发展起来的一门技术,最早应用于军事领域。随着微波技术的应用拓展,人们开始关注农业物料在射频和微波波段内的介电特性。研究发现,农产品的生理变化会随着电介质特征参数变化而变化[1],并产生了一种不同于传统的对流、传导和辐射加热的新型加热方式——微波加热。随后,农产品介电特性的测量和微波加热设备的研发成为学者们关注的焦点。基于介电特性的农产品微波干燥、育种、除菌、灭酶、解冻、烹饪、保鲜和无损检测等方面的研究成果相继见于报道。微波技术凭借其清洁高效、能量精准、易于控制等优势,成为农产品加工业快速发展的助推器,也发展成为引人瞩目的前沿交叉学科。

　　微波加工是一个复杂的过程,前人的研究成果为微波作用机制、加热效率提高及均匀性改善、微波设备研发等提供了大量依据。但截至目前,农产品微波加工技术仍然面临着一些现实困难,相关的基础研究仍有待持续深入。

　　(1) 微波加热效率和加热均匀性问题。加热效率和加热均匀性是评价微波加热效果的重要指标。微波反应腔的腔体结构影响着腔内电磁场的分布,微波在腔壁上经过数次反射叠加而在腔体中形成稳恒谐振场,这一缺陷从能量源上导致了微波加工过程中产热不均的现象,进而导致加热物料中出现"冷点"和"热点"现象,此现象在含水量高、介电特性分布差异大的物料中更为明显,极大地限制了微波产业的发展[2]。

　　(2) 农产品介电特性的测量与分析。当前,非磁性涉农介质的微波热加工研究与应用的市场化、规模化还远未形成与现实需要相适应的规模,且面临对物料的介电特性知之甚少等现实问题。针对农产品介电特性的测量研究主要集中在具有高介电常数的鲜食类蔬菜和果品、主要粮食作物(小麦、水稻等)方面[3-4],涉及的种类和数量不多,且测量技术以探针法、谐振腔法、集中参数法等为主。但农产品的种类繁多,尤其是针对名贵药食同源物质(如天麻、三七、人参等)的介电特性测量与分析成果较少,开展微波波段下不同种类农产品的介电特性测量和分析具有较好的应用价值。

(3) 农业物料等效介电特性问题。许多农业物料可近似为颗粒状物质被连续的包裹体所包围的混合物。等效介电特性是分析微波与混合物料相互作用的重要参数之一。当前,尽管有关颗粒混合物等效介电特性的研究已经取得了一定成果(尤其是二维情况下),但各个模型或计算公式对混合物的适用性都呈现出选择性,通过某一公式得到的介电特性预测值与测量值之间的一致性,仅适用于某类物料或外加电场的有限参数范围[5]。自然界中,不同种类农产品的性质各异,研究获得具有通用性和较高计算精度的农业物料等效介电特性计算公式成为研究者期望的目标。

针对微波热加工农产品过程中的若干基础性问题,本书从理论分析、数值模拟和实验测量等方面阐述了微波技术在农产品加工中的应用,开展了相关的基础研究,以期进一步提升农产品微波加工过程中的能量利用效率和加工效果,促进微波加工技术在农业领域的应用。本书共分为 6 章:

第 1 章主要阐述微波与微波能的概念,介绍农产品微波热加工的研究现状和所涉及的基础性问题,综述颗粒型混合物等效介电特性理论研究、数值模拟研究、实验测量等方面的研究现状,探讨农产品微波加工过程中可进一步深入研究的内容。

第 2 章从电磁理论出发,阐述微波能量转化原理和物料介质特性在微波热加工物料中的作用原理,探讨物料电磁特征参数 σ、ε'、ε''、μ'、μ'' 在微波热加工物料过程中的作用原理和具体贡献,并据此分析理想介质、理想导体、一般导体、极性介质等典型介质的吸波特性。

第 3 章展开描述微波加热效率和加热均匀性评价模型和方法,模拟仿真多种不同结构的内置装置对微波反应器加热指标参数的影响,分析内置装置的最优结构参数分布规律。探讨调整微波反应器腔体的内壁结构进而优化其加热效率和均匀性的规律,分析腔内高电场强度聚集区域的抑制策略,为微波加工物料过程中的"热点"预警和反应器设计提供参考。

第 4 章依据颗粒型混合物等效介电特性数值计算原理,探讨颗粒随机填充分布混合物等效介电特性的 MC-FEM 分析方法和颗粒堆积分布混合物等效介电特性的 DEM-FEM 分析方法,分析了双组分、三组分及核壳颗粒型混合物中不同组分对物料等效介电特性、吸波特性和局域场分布的影响,针对颗粒随机分布型混合物等效介电特性计算的 MGEM 公式和针对颗粒堆积分布型混合物等效介电特性计算的 MGEMA 公式进行了数值模拟和理论研究。

第 5 章运用基于无校准同轴传输/反射法农产品介电特性测量方案以及颗粒状农产品介电特性测量实施方案,实验测量微波频段下粉末状农(副)产品、菜籽类颗粒、杂粮类颗粒和草籽类颗粒等多种农(副)产品的介电特性,开展粉末状、颗粒状农产品介电特性的理论探讨。

第 6 章阐述中国农业发展现状及农产品加工中面临的现实问题,展望微波能农业应用、农产品微波联合干燥技术、农业废弃物微波热解技术、农产品/食品微波灭菌技术及微波智能处理技术的应用前景。

　　诚挚地感谢郑勤红教授、李明教授、杨培志教授、甘健侯教授、姚斌副教授、向泰研究员、李琳老师、曹湘琪、王均委及其他同事、同学在学习研究及本书整理过程中给予的指导和帮助。本书的出版得到了国家自然科学基金（61961044）、云南省教育厅科学研究基金（2021J0433）、云南师范大学博士科研启动基金（2019XJLK01）的支持，在此表示感谢。

　　本书内容可为农产品微波热加工的器件设计、微波能利用效率提升和微波辅助应用推广提供依据，为从事农产品微波技术应用研究的学生提供参考。由于本人知识水平有限，书中难免存在疏漏或不足之处，期待专家、学者和广大读者给予批评指正。

　　本书彩图请扫二维码观看。

钟汝能

2024 年 3 月 30 日

主要符号表

ε	相对介电常数	S^*	能流密度,W/m^2
ε'	介电常数,F/m	φ	电势,V
ε''	介电损耗因子,F/m	k	传热系数,$W/(m^2 \cdot K)$
j	虚数单位	T_k	温度,℃
ε_0	真空介电常数,F/m	Z_c	特性阻抗,Ω
$\tan\delta$	介电损耗角正切	Γ	反射系数
μ	磁导率,H/m	γ	传播常数
E	电场强度,V/m	S	散射 S 参数,dB
H	磁场强度,A/m	c_0	真空光速,m/s
D_p	穿透深度,m	T	传输系数
P	功率,W	ρ	密度,kg/m^3
K	本征值	c_p	定压比热容,$J/(kg \cdot K)$
λ	波长,m	σ	电导率,S/m
V	体积,m^3	F	频率,Hz
τ	弛豫时间,s	f_V	体积分数
D	电通量,$V \cdot m$	W	电场能,J
χ_e	极化率,$(C \cdot m^2)/V$	Q	微波能量,J
ω	角频率,rad/s	β	相位因子

N	吸收系数	α	标准偏差
η	吸收效率（物料对微波）	M	含水率
c	综合影响权重因子	e	自由空间介电常数，F/s
ρ_t	凸度		

目 录

第 1 章　微波技术农业应用 ··· 1

  1.1　微波与微波能 ·· 1

  1.2　微波能在农业领域的应用现状 ·· 4

  1.3　农产品微波热加工的电磁理论基础 ·· 7

  1.4　多模微波加热腔应用研究进展 ·· 9

  1.5　颗粒型混合物等效介电特性研究进展 ·· 12

第 2 章　微波与物质相互作用机制 ··· 20

  2.1　介质的极化及其介电特性 ··· 20

  2.2　微波能量转化原理 ··· 22

  2.3　物料性质对吸波特性的影响 ··· 24

  2.4　物料对微波能量的吸收 ··· 26

第 3 章　微波反应腔结构对加热效率及均匀性的影响 ······································· 28

  3.1　微波加热效率和均匀性的分析评价方法 ··· 28

  3.2　馈口位置及负载参数对微波加热效率的影响 ··· 30

  3.3　脊形凹槽结构对微波反应器加热效率及均匀性的影响 ····························· 37

  3.4　凸球面结构对微波反应器加热效率及均匀性的影响 ································· 42

  3.5　脊形凹槽结构参数对微波反应器加热效率及均匀性的影响 ····················· 46

  3.6　凹弧面内筒壁对微波反应器加热效率及均匀性的影响 ····························· 50

  3.7　圆柱形光子晶体微波反应腔的加热效率和均匀性研究 ····························· 54

3.8　新型腔体结构对微波场分布的影响 ················· 67

第4章　颗粒型混合物等效介电特性研究 ················· 73

4.1　颗粒型混合物等效介电特性的数值计算原理及其数值边界 ········· 73

4.2　颗粒随机分布型混合物等效介电特性模拟模型研究 ········· 75

4.3　颗粒随机分布型混合物等效介电特性的通用 MGEM 公式研究 ········· 86

4.4　双组分颗粒型混合物等效介电特性的影响因素研究 ········· 94

4.5　三组分颗粒型混合物等效介电特性的影响因素研究 ········· 98

4.6　核壳颗粒型混合物等效介电特性的影响因素研究 ········· 105

4.7　颗粒堆积型农业物料等效介电特性模型研究 ········· 110

4.8　颗粒堆积型农业物料等效介电特性的经验公式研究 ········· 115

第5章　农产品介电特性实验测量研究 ················· 119

5.1　农产品电磁参数测量原理 ················· 119

5.2　农产品介电特性测量方案 ················· 123

5.3　三七粉末介电特性的实验研究与理论分析 ········· 127

5.4　马铃薯粉末介电特性的实验研究与理论分析 ········· 130

5.5　铁皮石斛粉末介电特性的实验研究与理论分析 ········· 132

5.6　鼓槌石斛粉末介电特性的实验研究与理论分析 ········· 135

5.7　天麻粉末介电特性的实验研究与理论分析 ········· 138

5.8　菜籽类颗粒物料介电特性的实验研究与理论分析 ········· 140

5.9　杂粮类颗粒物料介电特性的实验研究与理论分析 ········· 143

5.10　草籽类颗粒物料介电特性的实验研究与理论分析 ········· 145

第6章　农产品微波加工技术应用展望 ················· 149

6.1　农产品初加工发展的先进技术支持 ················· 151

6.2　微波技术助推农产品加工业发展 ················· 152

6.3　微波协同应用技术的应用前景 ················· 153

参考文献 ················· 159

第1章
微波技术农业应用

1.1 微波与微波能

微波是指频率在 300 MHz～300 GHz 的电磁波,是无线电波中一个有限频带的简称,其波段及其中心波段频率见表 1-1。微波通常由直流电或 50 Hz 交流电通过半导体器件和电真空器件来产生,在微波加热工业应用中使用的主要微波源是磁控管及速调管,在受控聚变研究中用到回旋管。从电子学和物理学观点来看,微波以穿透性、选择性加热、热惯性小、似光性、似声性、非电离性和信息性等特性而不同于其他波段的磁频谱。

表 1-1　微波波段及其中心波段频率

波 段 代 号	频率/GHz	中心频率波长/cm
L	0.72～2.00	22.00
S	2.00～4.00	10.00
C	4.00～8.00	5.00
X	8.00～12.00	3.00
Ku	12.00～18.00	2.00
K	18.00～30.00	1.25

微波的发展与应用始于微波振荡与放大器件的产生。20 世纪 30 年代波导管传输微波的实验获得成功,开始形成微波技术。起初,微波作为一种信息或信息载体被利用,但在微波通信工程应用中,发现始终伴随一种引起微波能损耗、需要设法防止和消除的有害因素——热效应,于是有学者提出利用微波的热效应对材料进行加热的想法,并进行不断探索、试验和研究,直到磁控管、速调管和回旋管的出现,将微波推向了毫米波大功率领域,为微波加热应用展示了更广阔的前景。

1.1.1 微波加热频段

不同频段电磁波的传播方式和特点各不相同,其用途也不同,微波频段包括 UHF 特高频、SHF 超高频、EHF 极高频和至高频。为了促进电磁波频谱资源的有效合理利用,避免频率使用的相互干扰,需要根据各个波段电磁波的传播特性和各种业务的特性及共用要求,对电磁波频谱进行分配。1979 年世界无线电行政大会(World Administrative Radio Conference,WARC)经过协商,分给工业、科学和医学用的频率有 433 MHz、915 MHz、2450 MHz、5800 MHz、22 125 MHz。目前国内用于工业加热的常用频率为 915 MHz 和 2450 MHz。

1.1.2 微波效应

微波可以对材料微生物产生物理、化学及生物效应,通常称为热效应和非热效应,这是微波在加热、干燥、杀菌、改性等诸多应用中的原理和基础。

热效应是指生物体吸收微波的能量后,温度升高,从而发生各种生物功能的变化。热效应主要与物质本身在特定频率和温度下将电磁能转化为热能的能力有关,用损耗因子来衡量。当微波作用于材料时,材料表面和中心同时吸收微波能,自身温度升高,同时材料中的微生物细胞分子也被极化并高频振荡,细胞内的温度快速升高使其蛋白质结构发生变化,从而失去生物活性。

非热效应又称生物效应,是在电磁波的作用下,生物体内不产生明显的升温,却可以产生强烈的生物响应,使生物体内发生各种生理、生化和功能的变化。微波能使生物体内的电子、离子和其他带电粒子的生物性排列组合状态和运动规律发生改变,也会使细胞膜附近电荷分布改变,干扰破坏细胞的正常代谢功能,使微生物细胞的生长受到抑制,甚至停止生长或使之死亡。微波还可以导致细胞 DNA 分子结构中的氢键松弛、断裂和重新组合,从而中断细胞的正常繁殖能力。

1.1.3 微波材料及装置

1. 微波加热材料

根据室温时材料在微波场中的响应与吸波特性,可对微波加热材料进行以下分类[6]:

(1)微波吸收材料。材料的介电损耗因子(ε'')一般大于 10^{-2},如 SiC、$MoSi_2$、HaO_2 陶瓷等。在室温下具有较好的吸波能力,是目前主要的生产和研究对象。

(2)微波透过材料。材料的介电损耗因子小于 10^{-2},如 BN、SiO_2、Al_2O_3 等。在室温条件下,微波直接穿透材料,消耗能力不强,常被用作微波加热设备中的炉管或保温装置的主要材料。

(3)微波反射材料。这类材料具有较高的电导率,如金属材料,微波能量在金属表面处被反射,反射波带走绝大部分能量,只有被吸收的极少部分电磁能量才会对加热有贡献。波导管、谐振腔等均为金属材料。

材料吸波特性的分类是相对的,因为材料的相对介电常数(ε)和介电损耗角正切($\tan\delta$)随着环境湿度、微波频率及加热温度等因素会发生变化。例如 SiO_2、Al_2O_3 等材料在室温时为微波透过材料,当被加热到某一临界温度时,介电常数会突然增加,成为良好的微波吸收材料[7]。

2. 微波加热装置

微波加热装置主要包括微波功率源、加热器和控制器等部分[8]。

1) 微波功率源

微波功率源是提供微波功率的装置,包括微波电子管(如磁控管或速调管)、提供直流能量的直流电源和传送微波功率到加热器的传输波导系统。一般在磁控管后面接有大功率环行器,防止在加热器失配或大驻波状态下,吸收反射回微波管的功率,保护磁控管正常工作,防止发生管内打火而造成损坏。

2) 加热器

加热器是对材料或工件进行加热的装置,材料在此区域里将微波能转换为对材料的加热和温升,是微波加热装置最重要的部分,决定了加热的效率、经济效益与安全性。加热器带有传送带系统、通风系统、热风系统或真空系统。

3) 控制器

控制器是成品质量检测与反馈控制系统。可配置测湿、测温、测厚装置,通过计算机控制反馈信号改变传送带电机的转速或调制微波源功率以达到控制产品质量的目的。

3. 加热装置选择

1) 微波加热器的选择

在进行微波材料加工前,需要考虑3个方面的问题:一是分析材料特性,如物理特性、化学特性、介电特性、大小和质量等;二是根据材料性质选择适合的频率和功率的微波源;三是选择合适的加热器,以达到较好的经济效益。

2) 微波频率与损耗功率选择

由功率密度 $P/V = 0.556 f \varepsilon_\tau E_r^2 \times 10^{-12}$(W/cm³)可知,在一定场强下,加热功率取决于 $f \cdot \varepsilon_\tau$,选择加热器时,一般把加热频率选择在 ε_τ 最大值附近。工程应用中,微波加热主要选择 915 MHz 或 2450 MHz,频率选择时要根据穿透深度、材料尺寸综合考虑。对于厚而大的材料,要求穿透深,多选用 915 MHz,小而薄的材料多采用 2450 MHz。其次,微波功率的选定,除了考虑材料特点和频率,还要由升温速率、脱水快慢、每分钟要求处理量来估计,并扣除辐射、传导、对流产生的热损耗,实际选择的功率要有一定富余量,并最终由实验与经验决定。

3) 加热器的选择

微波加热器的效率主要取决于设备的热效率,在选择加热器时要重点关注以下问题:

(1) 高效率。在加热器中,微波功率应尽可能多地被待加热材料所吸收,要使壁耗、反射和剩余传输功率降至最小。

(2) 均匀加热。均匀加热是对加热器的基本要求,这种要求并非是在加热器中各处都有完全相同的场强,而是在加热器中实现对材料的均匀加热。

(3) 加热器与材料相适应。加热器的形状、大小、功率容量等与材料相匹配,加热器的传送带运行速度与材料的工艺特点相匹配,静止加工时则与装料和卸料相匹配。

(4) 加热器应简单、便宜。在实用的前提下,尽可能地做到结构简单、可靠,价格便宜,易于用户操作。

（5）微波源与加热器应符合国家规定的微波泄漏标准。中国微波泄漏标准是离设备表面 5 cm 处应小于 1 mW/cm^2。

1.1.4　微波能利用

微波作为能源使用始于 20 世纪 30 年代后期，其应用随微波灶的商品化而得到迅速发展。70 年代初期，我国开始研究和利用微波加热技术，并于 80 年代开始生产微波炉，连续微波磁控管和大功率磁控管研制的技术突破，有力地推进了微波能技术的应用。当前，国产家用微波炉、工业微波炉系列产品质量已接近或达到世界先进水平，关于微波产生、放大、发射、接收、传输、控制、测量以及应用的技术不断发展和完善[9]。

由于微波能出色的节能、省时特性，国内外众多组织和公司参与了微波能应用研究[8]。在国际上先后成立了如北美微波能应用协会（International Microwave Power Institute，IMPI）、欧洲微波能应用协会（Association for Microwave Power in Europe for Research and Education，AMPERE）和日本电磁波能量应用学会（Japan Society of Electromagnetic Wave Energy Applications，JEMEA）等微波能应用学术组织。同时，涌现了如 Cober Electronics、MKS Instrument 等公司，并在微波有机分子合成、微波食品干燥、微波褐煤脱硫、微波等离子体新材料等领域实现了工业化生产。众多学者对微波进行了广泛的研究，Adam D 于 2003 年在 *Nature* 上对微波能应用进行了综述，阐述了微波能的发展对工业热处理领域的重要意义[10]。Kappe C O 在 *Angewandte Chemie-International Edition* 上分析了微波能应用中对加热过程温度进行精确控制的必要性，预测微波辅助有机物合成将成为实验室研究的标准技术[11]。Chandrasekaran S 等在 *Food Research International* 中综述了微波在食品烹饪、干燥、杀菌领域的广泛应用前景，并指出需要在大功率应用、能量利用率方面进一步研究的必要性[12]。这些在国际知名期刊发表的文章表明了微波能应用的广阔发展前景以及对其进行研究的必要性。国内学者几乎同步开展微波能的学术和应用研究，相关研究内容涉及电磁场微波技术、真空电子学、智能控制、化工和冶金等多个学科和技术领域，并呈现逐渐增加的趋势。

总的来说，微波能的利用几乎覆盖了社会生产生活的各个领域，且与其他学科相结合，正在形成许多新的交叉学科，如微波冶金、微波医学、微波生物学、微波化学等[13-14]。但在微波能应用过程中，也面临着能耗高、反应体系温度突变、工业系统设计缺乏理念指导等现实问题[15-16]，从产业化角度看微波能的应用，还存在着技术力量短缺、基础技术不深、检测手段不全以及传统习惯势力很难短期克服、投资力度不够等困难[17]。

1.2　微波能在农业领域的应用现状

当前，微波加热技术已在橡胶、陶瓷、煤炭、冶金、木材、家庭、医疗以及化学、新材料、微电子等领域得到广泛应用[18]，微波技术有力地推动了相关产业的发展。

在农业领域，由于绝大多数涉农介质都是非磁性的，故微波能在农业领域的应用主要是基于介质的介电特性而进行，其应用主要分为介电加热和传感检测两大类[19]。研究表明，微波能在粮食和种子产品干燥、种子传播病原体处理、储藏产品虫害控制、种子处理以促进发芽、土壤虫害控制、产品营养价值提升、农产品水分含量或其他质量属性感知等方面获得有效应用。

1.2.1　微波在农业生产中的应用

农业生产中,微波能主要应用在育种、除虫、储藏和保鲜等方面。

(1)微波育种:农产品种子的电磁波处理,是电磁生物效应研究得最早、在农业上应用最多的一个方面。通过微波热效应和非热效应的共同作用,可以引起生物体产生一系列的正突变效应或副突变效应。种子经适当的微波处理后,呼吸强度提高、根系活力增强、发芽率提高,产量亦有不同程度的提高[20]。美国农业局科学家研究发现,射频加热对硬质种子(紫花苜蓿)细菌致病菌有抑制作用,且大大提高了种子的发芽率[19]。孔繁武利用微波处理大豆种子,表明微波对大豆起诱变作用,可以单独作为诱变育种的手段应用[21]。里佐威、裴力使用微波辐射水稻种子,获得了种芽的生理、生化指标及水稻生长期的性状变化情况[22]。研究表明,微波对蚕豆、大麦、小麦、高粱、玉米和水稻等都有不同程度的促进植株生长、增强抗病虫害能力及提高产量等作用[23]。

(2)微波除虫:在不造成污染的前提下杀灭土壤中的有害虫卵是农业生产需要解决的重大问题。用微波直接辐射土壤,可以杀死杂草草籽及土壤中的害虫、真菌和线虫等微生物,减少因施农药造成的环境污染,而且使甜瓜增产 60%、洋葱增产 35%,成本仅为使用农药的 50%。覃恩荣将感染害虫的粮食样品置于 2.45 GHz 微波场中,从大量实验中筛选出最短的照射时间与最大杀虫效率的关系[24]。澳大利亚科学家发明了利用微波或高能粒子杀死新鲜水果和蔬菜中害虫的技术,该技术能杀灭苹果、牛油果、大辣椒和西葫芦中的昆虫和昆虫卵,研究发现在某些温度下杀虫率达 100%[25]。Nelson 等认为微波加热防治土壤害虫的敏感性依次为昆虫、杂草种子、线虫、真菌和细菌,但微波耗能偏大[19]。

(3)微波储藏:如何有效地处理霉变和虫蛀是粮食储存中面临的挑战性难题。研究表明,许多危害谷物和谷物产品的昆虫,可以通过短时间暴露于不损害宿主材料的电磁波中而得以控制[26]。粮食的介电测量结果显示,在频率 10~100 MHz 范围内昆虫的介质损耗比粮食大。加拿大和美国研究人员使用射频和微波选择性地杀灭储藏谷物中的昆虫,美国农业部实验证实,在室温 24℃ 时,用频率为 39 MHz 的射频照射含水率为 13.3% 的冬小麦 3 s,处理后小麦的温度不到 40℃,但 7 d 后小麦中的米象已 100% 死亡[19]。刘冬文等利用微波对呼吸强度大、难以储藏的栗仁进行处理,发现可储藏时间增长一倍。

(4)微波保鲜:在鲜食保鲜中,荷兰食品公司对盒装茄汁鱼、牛肉等 8 个品种食品进行微波保鲜处理后,能在 0~4℃ 冷藏柜中保存 42 d,风味不变且新鲜如初,质量胜过一般的冷冻食品[27]。南京三乐电器总公司研制出微波烹调南京咸水鸭、福建板鸭的设备,并将此技术应用于牛奶、营养口服液的杀菌和人参、肉类、泡菜的加工,发现生产工艺简化、保鲜时间延长,产品品质提高。山西省研制出基于电子微波、紫外线和臭氧相结合的保鲜技术,可抑制果蔬呼吸,使其处于休眠状态,使果蔬保鲜期延长达 3 个月以上[28]。

1.2.2　微波在农产品加工中的应用

农业物料是具有生命现象的生物体,泛指农业土壤、植物及各类农产品[29]。农产品的微波热加工应用主要有加热或干燥处理、食品加工、特殊农(副)产品加工和微波检测等方面。

（1）微波加热或干燥处理：微波干燥是有效解决传统农产品收获后在运输、储藏和销售环节有损耗的重要手段。近年来，国内外对脱水后的干制农产品需求不断增长，微波加热干燥的市场潜力巨大。从实用角度看，微波加工特别适宜用于产品价值高、质量要求严格、热传导率低、用常规方法难以处理的物料[30]。大量研究表明，与其他干燥方式相比，微波介入的干燥方式具有干燥速度快、加热时间短、干后品质和利用率高的优点。但一般情况下，单纯用微波（如脱水）是不经济的，有时难以保证加工质量，而与常规方法相结合，能得到较好效益，将微波技术分别与冷冻技术、真空干燥技术、热风技术等结合起来，使用微波提供热源，利用真空状态或热风技术降低物料干燥的温度，充分发挥各自的优势，能取得较好的干燥效果[31-36]。国外对小麦进行微波和热风干燥处理的成果表明，时间成本仅为热风干燥的1/10，并且粮食的蛋白质含量、出粉率均不受影响，无虫蛀现象。我国西南地区的烤烟厂使用微波复烤烟叶，不仅质量好、产量高、损耗少，有的加工成本比蒸汽还低，产品被列为免检商品[30]。微波干燥已用于菠菜、香芹、芒果、猕猴桃、胡萝卜、南瓜、辣椒、紫薯、苹果、莴笋、蘑菇和芦笋等食品和农产品的脱水处理[37]。

（2）微波食品加工：微波能在食品工业中也具有广泛应用，主要体现在食品加热、杀菌、萃取、膨化等方面。食品的微波加热，具有加热效率高、节能环保和易于控制的优势，微波对同一材料的加热时间一般只需要传统方法的1/100～1/10，效率可达60%以上，加热快且易于控制。使用微波对南瓜进行膨化，证明南瓜的还原糖含量增加3.36%，其营养价值得到提升[38]。经微波膨化将马铃薯制成营养脆片，得到的产品能完整地保持原有的各种营养成分[39]。使用微波加热可除去大蒜中的臭味，抑制90%的蒜氨酸酶活性[35]。林甄应用微波辅助萃取技术对树莓粉中的花青素成分进行萃取，研究萃取液中花青素萃取量和介电特性的变化规律[40]。也有研究表明，微波可以分离提取植物天然成分，加工保健食品，获取天然色素、果胶、植物香油等。

（3）微波特殊农（副）产品加工：在物料营养保持、特殊农（副）产品干燥和药料蒸煮等领域，微波加热技术也得到了应用[41]。日本研究人员使用微波干燥茶叶，将生茶再加工制成精茶，由于加热时间短，无表面过热，可保持茶叶的色香味，延长存放期，类似的方法用于香菇干燥，香味和质量均得到提高[19]。使用43 MHz频率对大豆加热1 min左右，其温度提高到130℃左右，胰蛋白酶抑制剂活性降低，营养价值得到了提升。对蘑菇、木耳和山野菜等林副产品的干燥加工能有效防止表面揭化，保持原有的风味和色泽。微波加热处理山核桃已被评估为一种保存质量的方法，而不需要冷藏储存[42]。微波加热技术也被用于人参、枸杞、鹿茸、天麻、当归、党参及冬虫夏草等名贵药用植物采收后的蒸煮和干制，使用过程中体现了微波的优势[43-45]。

（4）微波检测：微波检测主要用于水分测量及物料质量无损检测。介电法测定谷物的含水量可能是迄今为止农产品介电性质最重要的应用之一。研究表明，谷物与其他农产品的水分含量与其介电特性之间存在着明显的相关性，其介电性能随外加电场频率，物质的含水量、温度和体积密度而变化。近年来，人们利用高频测量的优点和微波频率下的晶粒介电特性，研究能同时检测颗粒材料水分含量和体积密度的新型谷物和种子水分计，以提高粮食和种子工业的可靠性和实用性[46]。另外，电磁波也被用于新鲜水果和蔬菜质量的无损检测，主要用于品质识别，快速、非破坏性地进行分类改进和处理操作。研究表明，超声波可用于检测与产品质量有关的某些内部特性,而微波则可以获取农产品有关组织质量的信息,进而进行某些水果和蔬菜产品质量的无损检测。基于介电特性的甜瓜、苹果、洋葱和大枣无损检测研究成果相继被报道[46]。

综上所述,微波能在农业生产和农产品加工领域获得了一些应用,但无论是微波加热、微波干燥、微波育种、微波杀菌还是微波检测,微波能的应用主要围绕其介电特性而展开,预处理对象(物料)的介电特性始终是影响农产品微波辅助加工和应用效果的最关键指标之一。当前,不同种类的农产品介电参数量化数据相对比较缺乏,准确地掌握不同类型农产品的介电特性是一件非常困难但又非常重要的工作,农产品微波辅助应用中的许多基础性问题仍亟待研究者有针对性地去开展。

1.2.3　农产品微波加工的优势

微波能在农业生产、农产品加工和质量检测等方面都存在巨大的应用价值。农产品的微波热处理应用,具有以下优势[47]:

(1) 加热均匀快速。由于微波具有穿透性,微波加热可对物体内外同时进行加热,不会出现"外焦里生"的现象,其加热速度是常规加热的几倍到几十倍。

(2) 能最大限度地保持产品的营养成分。由于微波加热的速度快、时间短,对各种维生素及营养物破坏少。

(3) 成品色泽风味好。微波干燥时间短,产品中的许多挥发性物质损失小,天然色素破坏少,所以产品色泽不变,鲜亮,口味好,形态美观。

(4) 安全卫生。微波有杀菌、灭霉、防霉作用,无任何烟尘及有害物质排放,所以产品生产安全、卫生且保质期长。

(5) 可在无损情况下进行农产品特性质量检测,获取物料的内部特性。

然而,农产品的种类繁多,性质各异,尽管微波农产品加工的优点突出、市场需求及开发潜力巨大,但与微波能在工业领域的应用相比,微波农产品加工的市场化、规模化应用还远未形成与需要相适应的规模。

1.3　农产品微波热加工的电磁理论基础

1.3.1　物质的介电特性

介电特性(dielectric properties)是指物料内部的束缚电荷对外加电场的响应特性,主要通过介电常数和介电损耗因子两个参数来进行表征,通常将其表达为

$$\varepsilon = \varepsilon_0 \varepsilon_r = \varepsilon_0(\varepsilon' - j\varepsilon'') \tag{1-1}$$

式中,ε'为介电常数,是指物料储藏微波能的能力,是介质"阻止"微波能通过能力的量度;ε''为介电损耗因子(简称损耗因子),是指物料把吸收的微波能转化为热能的能力;$j = \sqrt{-1}$为虚数单位。当物料在微波作用下发生极化时,对于电场的变化会产生滞后损耗角δ(loss angle),$\tan\delta$称为损耗角正切($\tan\delta = \varepsilon''/\varepsilon'$),它影响材料中微波能的衰减。

研究表明,物料的介电特性取决于各化学组分及水分中永久性偶极子动量[48],它在物料吸收能量和能量转化过程中起决定作用。在微波热加工过程中,受农产品物料种类和加

工方式的影响,介电特性变化是一个非常复杂的过程,介电常数和损耗因子可能增加或者减小[49],其变化规律随温度、湿度的动态变化呈现出动态变化特征[50]。

总的来说,物料对微波能的吸收和转化取决于物料的介电特性,而介电特性又受到物料种类、加工条件的影响,介电特性是研究物料微波加工问题不可缺少的特征参数指标[40]。

1.3.2 微波介电加热的机制

射频和微波加热统称为介电加热,二者的主要区别在于产生高频电场的方式不同;射频发生器主要由高频振荡器、传输线和电容器组成;微波发生器主要由磁控管、波导和谐振腔组成。射频加热在工业应用上早于微波加热,常用频率分别为 13.56、27.12、40.68 MHz,而微波加热一般涉及 500 MHz 以上的频率,工业用微波频率分别为 915 MHz 和 2450 MHz。

微波是交变的电磁场,本身是一种能量形式,而不是热量形式;微波加热过程实际就是电磁波能量转化为热能的过程。当具有较高介损系数的材料受到微波的作用后,材料可以吸收微波并将其转化为内部热能[51]。以民用微波炉为例,磁控管将电能转变成微波,以 2.45 GHz 的振荡频率穿透材料,当微波被材料吸收时,材料内极性分子(如水、蛋白质等)即被吸引以每秒钟 24.5 亿次的速度快速振荡、深入材料加速分子运转,振荡的宏观表现就是材料被加热。

微波能量转换的机制有多种,如离子传导、偶极子转动、界面极化、磁滞、压电现象、电致伸缩、核磁共振、铁磁共振等,其中离子传导和偶极子转动是介电加热的主要机制[8]。

(1) 离子传导:带电粒子在外电场作用下被加速,并沿着与它们极性相反的方向运动,即定向迁移,在宏观上表现为传导电流。这些离子在运动过程中将与其周围的其他粒子发生碰撞,同时将动能传给被碰撞的粒子,使其热运动加剧。如果物料处于高频交变电场中,物料中的粒子就会发生反复的变向运动,致使碰撞加剧,产生耗散热(或焦耳热),即发生了能量转化。

(2) 偶极子转动:当电介质置于交变的外电场中,含有非极性分子和有极性分子的电介质都被反复极化,偶极子随电场的变化在不断地发生"取向"(从随机排列趋向电场方向)和"弛豫"(电场强度为零时,偶极子又回复到近乎随机的取向排列)排列。由于分子原有的热运动和相邻分子之间的相互作用,分子随外电场转动的规则运动受到干扰和阻碍,产生"摩擦效应",使一部分能量转化为分子热运动的动能,即以热的形式表现出来,使物料的温度升高,即电场能被转化为热能。

1.3.3 微波介电加热的特点

与热传导、对流和辐射等传统加热方式相比,微波介电加热有以下特点[50]:

1. 直接快速加热

传统加热方式是间接加热,先加热盛装物料容器的外壁,再通过传热将热量传递给物料,造成一部分热量损耗在加热容器外壁和发散到周围环境中。而电磁波是以光速的传播速度透入物质,直接与物料作用,能量转变为物质分子热量的时间快于 1×10^{-7} s,微波能几乎全部用来加热物料,提高加热效率。

2. 体相均匀加热

传统加热方式依靠热传导加热物料,会在物料中形成温度梯度,导致加热不均匀。尽管介电加热不能保证加热均匀,但它依靠微波辐射来加热物料,是体相加热。通常情况下,其体积加热效应将导致加热均匀,电磁波辐射到的物料都会吸收微波能而生热,避免了普通加热系统中出现的较大温度梯度,物料表面过热和结壳现象很少发生,比传统加热方式更均匀。

3. 选择性重点加热

电磁波主要与物料中的极性物质相作用,微波介电加热所产生的热量和被加热物的损耗有着密切关系,由于不同物质的损耗有差异,表现出对微波的吸收能力不同。在同一个物质中温度低及含水率较高的位置,具有较高的介电常数和介电损耗,微波会集中在相应位置,致使该位置温升更快。

4. 节能高效无污染

传统方法加热物料是在开放的空间中进行,获得热平衡需要较长时间且会向周围环境散发热量。而在微波介电加热中,微波功率处于金属制成的全封闭腔体内,加热室反射电磁波使之不向外泄漏,加热过程中几乎没有热散失,这就是微波加热的节能原理。另外,在微波加热中,微波能只会被加热物体自身吸收而生热,不会对食品造成污染,加热室壁和加热室内的空气及相应的容器都不会发热,所以热效率较高,生产环境也明显改善。

5. 瞬间加热易控制

传统加热方式将热量由容器壁传递到物料内部需要一段时间,物料的加热和降温都具有一定的滞后性。而微波加热是瞬时的,微波开关打开后,所有被辐射到的物料开始加热,微波开关关闭后,加热结束。此特点可以实现温度升降的快速控制,简化了未知滞后的控制问题。

6. 非热效应

在微波化学反应中有非热效应存在,可以按照需求提高或降低化学物的化学反应速率,提高化学产物的收率。同时,在微波食品加热领域,非热效应对各种细菌具有良好的灭杀作用。

 # 1.4 多模微波加热腔应用研究进展

1.4.1 多模微波加热存在的主要问题

目前,工程领域内常用的微波腔主要为多模腔,多模腔中多个模式的电场相互叠加,可以在腔体内形成相对均匀的电磁能分布,加热的均匀性得到提升[52]。与单模微波腔和传统加热方式相比,多模微波腔有诸多优点,但在现实工程应用中也有一些问题需要解决。

1. 加热均匀性问题

一方面,由于反应腔壁的反射作用,微波在反应腔壁上经过数次反射叠加而在腔体中形成稳恒场,导致了微波能的非均匀分布,同时,由于非均匀介质分界面对微波存在反射作用,加热物料内通常也会存在微波能的非均匀分布。另一方面,物料中的电磁和热参量与温度或者含水率非线性相关,微波加热过程是一个未知参数即时变化的过程,且物料的形状、位置和微波腔腔体结构的不同也会导致不同的微波能分布。这些不均匀性致使物料内部不同位置的温度存在差异,从而影响最终加热效果。关于多模微波加热腔均匀性的提升,需要大量的先验知识,对不同物料的微波加热特点进行研究,获取其复介电特性,才能实现满意的实际加热结果。

2. 热点与热失控问题

在微波加热过程中,由于微波功率分布的非均匀性,加热媒质的某些部位一直具有很强的微波功率分布,致使该位置的温度迅速上升,造成局部过热的现象,导致"热点"的产生,以物质分相界面附近为甚。有些媒质的热平衡温度对功率变化很敏感,输入功率的微小变化会引起媒质温度迅速发生剧烈变化,媒质温度上升会引起本身电特性的变化,当其电特性向吸收更多的微波能量进行时,会形成微波和加热媒质之间的正反馈过程,加热媒质温度会急剧上升,从而出现局部过热现象,甚至会引起热失控[53]。"热点"的产生是微波加热不均匀的最典型表现,轻则会影响加热物料的质量,重则会造成局部温度过高,甚至烧毁被加热物质和微波器件。

3. 温度动态监测困难

微波加热腔体内部存在强电磁场,现有的温度检测传感器在加热媒质温度场检测方面或多或少均存在一定问题。例如,光纤温度计只能测量媒质离散点温度,并且成本较高;热电偶、热电阻等金属材料温度计在电磁场作用下会产生感应电流,引起测温元件和引线自身发热,从而影响测温准确性;红外与热成像仪只能测量物体表面温度,不能完整地描述物体整体温度变化状态。在使用同轴传输线法测量高频段的物料介电特性时,在封闭的同轴腔体内准确地对物料进行加热并测量其温度的变化是一件非常困难的事情。因此,微波加热过程中的温度场的全面、准确测量问题仍有待解决。

4. 微波能量未能被高效利用

一方面,工业物料是典型的复杂时变非均匀媒质,物料对微波的吸收能力随时间和温度会发生变化,此时使用固定功率微波源就不能高效率地利用微波能。另一方面,多相混合物中各组成成分对微波辐射的响应具有差异性,从而会对微波能耗提出较高要求。例如,实验表明许多危害谷物的昆虫可以通过短时间暴露于不损害寄主材料的电磁波中而得到控制[26],但迄今为止,射频和微波土壤杀虫方法尚未得到实际应用,因为与传统的化学和物理控制方法相比,通过介电加热杀灭害虫的能源和设备费用太高,且微波能量在浅层土壤深度中迅速衰减,使微波能量的潜在利用变得不现实。Nelson 指出,任何考虑微波电磁能量对土壤害虫的控制都必须经过仔细和严格的分析[19]。

1.4.2 多模微波腔场分布的优化研究

多模腔内的场分布情况是微波加热效果最直观的表现。学者们分别采用时域有限差分法（FDTD）、有限元法（finite element method，FEM）、格林函数法、传输线法、小孔耦合法等理论或方法开展了多模腔场分布研究[54-56]。Sebera V 等通过改变腔体和馈能口的设计、调控磁控管匹配参数和控制加热过程改变微波腔内电磁场的模式[57]；Plaza-Gonzalez 等用 FEM 方法分析了搅拌器位置对二维微波加热器场分布的影响[58]；Reader 计算了加热腔内电场分布并和实际测量值进行了比较；Kashyap 等利用改变微波频率，改善微波加热场分布的均匀性；曹湘琪等提出了一种内筒为曲面的新型圆柱形微波加热器等[59]；叶菁华等设计了一种可移动金属壁的微波加热多模腔，研究表明移动金属壁微波多模腔的加热均匀性相对于固定尺寸的多模腔提高了 18%～38%[60]；张德新模拟了微波等离子体反应腔中电磁场的分布状态，认为反应腔中电磁场的峰值随着腔体长度的变化而变化；姚斌等结合电磁场模式理论和 FDTD 方法把三维结构问题简化为二维模型，并对部分空载反应腔、加载反应腔和开放式反应腔体结构的谐振特性进行了分析，为快速有效地分析大型微波反应腔体结构中微波场的分布提供了新的途径[61]；电子科技大学的巨汉基等借助仿真设计平板微波炉，通过与实际使用数据的结合对腔体尺寸等进行必要的优化，验证了利用三维电磁软件对微波炉仿真设计具有良好的可行性和仿真精度，可以根据场分布的特点改进腔体结构和能量输出装置[62]；朱守正提出一种求解波导管和分层加载的矩形腔组合问题的矩量解法，并对负载中的场分布及激励口面上的场进行了计算[63]。

研究表明，通过调整加热器和物料的结构形态，可优化微波反应腔内的电场分布，设计出在测量频率范围内驻波比相对稳定的加热器，是提升加热效率与均匀性和解决"热点"的有效措施。

1.4.3 多模微波腔加热的均匀性研究

多模微波加热器的加热均匀性与馈口位置、被处理样品电磁特性、形状、转盘、搅拌器和材料位置等因素有关[64]。对此国内外学者开展了大量的研究。关于微波介电加热的均匀性提升，或者说"热点"和热失控问题的控制研究，主要可以归结为 4 个方面：

1. 控制微波的发射方式

采用的主要方法为间歇加热和逐渐增加微波功率加热。Basak T 等研究了脉冲微波方式加热猪肉的过程，研究结果表明采用间歇加热的方式具有更好的均匀性，避免了热点和热失控问题的出现[65]；Allan S M 等在美国航空航天局肯尼迪航天中心（NASA Kennedy Space Center）利用 2.45 GHz 微波加热月球表面模拟样品 JSC-1AC 时，采用微波功率渐进控制的方式并结合碳化硅承载器对承载样品进行了加热，结果显示，加热的均匀性和单独采用传统微波加热的方式相比有很大提升，并且很好地避免了热失控的出现[66]；Peyre F 等分析了微波功率以及功率开关周期对加热效果的影响[67]。实验结果表明，增加微波馈入口、动态改变馈口位置[68]可以改善均匀性，脉冲输入比连续微波输入有更好的温度分布均匀性[65]。

2. 优化微波的传输过程

采用的主要方法为优化反应腔内部结构设计、搅拌微波以避免稳恒微波能量场的形成。姚斌等研究了矩形微波反应器加载矩形粉煤灰负载时馈口位置、长度和负载尺寸对微波加热效率的影响[69]；钟汝能等利用有限元法仿真研究腔体内壁结构形状对微波反应器加热效率和均匀性的影响，得到内壁装置结构参数与微波加热效率和均匀性之间的一系列规律，优化后微波反应器的加热均匀性最大提升幅度达到 58.54%[13-14]；Cha-Um W 等通过调整样品大小和摆放位置以改变微波在反应腔中的传播路径，并采用实验和数值的方法研究了其对加热均匀性和加热效率的影响[70]；Wiedenmann O 等的研究结果表明，在利用微波铸造金属时，微波搅拌器和承载器位置对微波能量分布的均匀性有非常大的影响[71]；孙鹏等利用有限元分析软件 COMSOL 仿真了馈口位置、样品大小和样品位置对微波加热效率的影响，并与文献报道的实验结果进行了比较[72]；Chamchong M 等分析了物料形状对微波加热不均匀性的影响[73]。

3. 改善微波与物料相互作用的过程

采用的主要方法为掺杂和搅拌加热物料。Hayden 等研究了微波加热有机溶液时搅拌对加热效果的影响，结果表明搅拌在提高加热效率的同时也能提高加热均匀性；Koskiniemi C B 等研究了旋转装置对蔬菜微波加热均匀性的影响[74]；Salema A A 等采用喷头装置以改善多模微波系统中的电磁场分布[75]；SSR G 等等利用有限元分析软件 ANSYS 仿真了转盘对微波加热均匀性的影响[68]；Ryynänen 研究了托盘的位置及负载形态对加热均匀性的影响；Plaza-Gonzalez 等使用模式搅拌器改善微波加热的不均匀性[58]；SSR G 等等采用物理模型结合有限元法分析了转动对微波加热食物的影响，研究结果表明，转动可以提高 40%左右的加热均匀性[68]。Coetzer G 等的研究结果显示，在利用微波加热制作焦炭的过程中，掺入铬矿、锰铁矿和高碳铬铁合可以加快焦炭的形成，提高焦炭的质量，也反映了能提高微波能量在加热物料中的均匀性[77]。

4. 共存混合加热方式

共存混合加热方式由于其高效性的优点在实际生产中被广泛采用，如 Horikoshi S 等在制备 4-甲基联苯时便采用微波加热内部结合热浴加热外部的方法。与传统的微波加热方式相比，既有效避免热点出现，节省了 65%的微波能源，还提高了近 1 倍的 4-甲基联苯产出[78]。

以上研究成果为微波反应器的设计和推广应用提供了理论支持，但这些方法也不能完全保证加热物料温度场的均匀性分布，温度场分布的非均匀性仍是微波应用中的一个难点。

1.5 颗粒型混合物等效介电特性研究进展

1.5.1 颗粒型混合物的等效介电特性

图 1-1(a)所示为置于平行板电容器中的颗粒型物质随机分散填充二元气-固混合物料，其中 ε_{air} 为基体相（空气）的介电特性，ε_1 为颗粒相的介电特性（黄豆），长方形框分别表示电

容器的上极板、下极板。为研究物料的宏观电磁特性,常常将这种颗粒填充非均匀混合物等效为图 1-1(b)所示的均匀连续介质,因为在实际应用过程中,人们往往只关心颗粒物质宏观上所表现出来的等效性质,即颗粒物料的等效介电特性(ε_{eff})[79-80]。

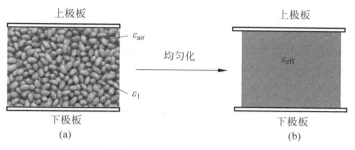

图 1-1 颗粒型农产品物料等效均匀化示意图

(a) 非均匀颗粒填充混合物;(b) 均匀连续介质

在电气工程、农业工程等领域,等效介电特性是评价混合物微波能利用的一项重要参数指标,长期以来,等效介电特性的分析和计算一直是一项具有挑战性的课题。众所周知,混合物料的宏观介电特性由各组分的介电特性、彼此间的相互作用以及几何构型等因素决定[81],建立准确的等效模型及其等效介电特性计算公式,为混合材料的等效介电特性分析提供理论计算公式,对颗粒型物料的微波加工等具有重要的意义。

1.5.2 颗粒型混合物等效介电特性的理论研究

为研究颗粒型混合物料的等效介电特性,诸多专家学者提出了计算颗粒型混合物等效介电特性的理论模型和经验计算公式[82-85]。一般定义 ε_i、f_i 分别为混合物中颗粒(夹杂)物质的介电特性和体积分数,ε_e、f_e 为基体(包裹)物质的介电特性和体积分数($f_e = 1 - f_i$),ε_{eff} 为混合物的等效介电特性,$\varepsilon_{eff,max}$ 和 $\varepsilon_{eff,min}$ 分别为混合物等效介电特性的最大值和最小值,典型的理论模型及其计算公式如下:

Wiener 数值边界(2D):

$$\begin{cases} \varepsilon_{eff,max} = f_i \varepsilon_i + f_e \varepsilon_e \\ \varepsilon_{eff,min} = \dfrac{\varepsilon_i \varepsilon_e}{f_i \varepsilon_e + f_e \varepsilon_i} \end{cases} \tag{1-2}$$

Hashin-Shtrikman 数值边界(3D):

$$\begin{cases} \varepsilon_{eff,max} = \varepsilon_e + \dfrac{f}{\dfrac{1}{\varepsilon_i - \varepsilon_e} + \dfrac{1-f}{3\varepsilon_e}} \\ \varepsilon_{eff,min} = \varepsilon_i + \dfrac{1-f}{\dfrac{1}{\varepsilon_e - \varepsilon_i} + \dfrac{f}{3\varepsilon_i}} \end{cases} \tag{1-3}$$

Maxwell-Garnett(MG)公式:

$$\frac{\varepsilon_{eff} - \varepsilon_e}{\varepsilon_{eff} + 2\varepsilon_e} = f \frac{\varepsilon_i - \varepsilon_e}{\varepsilon_i - 2\varepsilon_e} \tag{1-4}$$

Bruggeman(BM)公式[86]:

$$(1-f)\frac{\varepsilon_e - \varepsilon_{eff}}{\varepsilon_e + 2\varepsilon_{eff}} + f\frac{\varepsilon_i - \varepsilon_{eff}}{\varepsilon_i + 2\varepsilon_{eff}} = 0 \tag{1-5}$$

Polder-van Santen 公式：

$$\frac{\varepsilon_{eff} - \varepsilon_e}{\varepsilon_{eff} + 2\varepsilon_e + \nu(\varepsilon_{eff} - \varepsilon_e)} = f\frac{\varepsilon_i - \varepsilon_e}{\varepsilon_i + 2\varepsilon_e + \nu(\varepsilon_{eff} - \varepsilon_e)} \tag{1-6}$$

式(1-6)中，当 $\nu=1$ 时，是 BM 公式；当 $\nu=2$ 时是 Coherent 公式。

QCA-CPA(准晶近似-相干势近似)公式：

$$\varepsilon_{eff} = \varepsilon_e + \frac{3\varepsilon_{eff}(\varepsilon_i - \varepsilon_e)}{3\varepsilon_{eff} + (1-f)(\varepsilon_i - \varepsilon_e)} \tag{1-7}$$

Brichak 公式：

$$\varepsilon_{eff}^{\beta} = f\varepsilon_i^{\beta} + (1-f)\varepsilon_e^{\beta} \tag{1-8}$$

式中，β 是一个无量纲参数，当 $\beta=1/2$ 时为 Brichak 公式，当 $\beta=1/3$ 时为 Looyenga 公式，当 $\beta \rightarrow 0$ 时，即为 Lichtenecker(LI)公式[87]：

$$\varepsilon_e^{\alpha} = V_i\varepsilon_i^{\alpha} + (1-V_i)\varepsilon_m^{\alpha} \quad (-1 \leqslant \alpha \leqslant 1) \tag{1-9}$$

式中：ε_e 为混合物质的介电常数；ε_i 为填充颗粒的介电常数；ε_m 为聚合物基底的介电常数。还有学者提出了 Yamada 公式(式中：n 是与填充颗粒形状有关的系数)、指数规律公式 $\varepsilon_e = \varepsilon_m \left| \dfrac{V_c - V_i}{V_c} \right|^{-q}$ (式中：V_c 是复合材料的渗流阈值，q 是渗流指数)、通用有效介质 (GEM)公式 $V_i \dfrac{\varepsilon_i^{\frac{1}{t}} - \varepsilon_e^{\frac{1}{t}}}{\varepsilon_i^{\frac{1}{t}} + A\varepsilon_e^{\frac{1}{t}}} + (1-V_i)\dfrac{\varepsilon_m^{\frac{1}{s}} - \varepsilon_e^{\frac{1}{s}}}{\varepsilon_m^{\frac{1}{s}} + A\varepsilon_e^{\frac{1}{s}}} = 0 \left($ 式中：t、s 是渗流指数，$A = \dfrac{(1-V_c)}{V_c}\right)$，等等。

一方面，上述每一个公式都可以用于求解颗粒型混合物的复等效介电特性，但另一方面，每一个公式都有一定的适用条件[88]。

Maxwell-Garnett 公式是最著名的等效介质理论，这种理论认为，基底材料是连续的相，而其中的颗粒物质是不连续的相，它适用于吸收性很低的吸收材料。但由于 Maxwell-Garnett 模型在其理论建模和理论分析推导过程中，未涉及填充颗粒之间的相互作用，所以仅当颗粒填充率(V_i)非常低($V_i \leqslant 10\%$)或填充颗粒的介电常数(ε_i)与基底材料的介电常数(ε_m)之间的差异很小(即 $\varepsilon_i/\varepsilon_m$ 很小)时，MG 公式才能较为准确地预测颗粒填充复合材料的介电特性[89]。

Bruggeman 公式是一种适用于片状、圆盘状和球状颗粒物质的计算模型，可以分析具有高吸收系数且粒子无规则填充的吸收材料，当混合物中的粒子形成团簇时这个公式不再适用[90]，且当颗粒填充率 $V_i > 20\%$ 时，Bruggeman 公式的预测值随着颗粒填充率(V_i)的增加越来越高于实验值[91]。因此，MG 公式和 BM 公式不能完全用于整个体积分数范围的介电特性计算。为此，Jaysundere 和 Smith 提出了把粒子极化的影响考虑在内的计算公式[92]。Vo 和 Shi 考虑了有机-无机界面相的影响，提出了填充相颗粒-界面相-基体相三相模型[93]。

Lichtenker 公式中包含着一个与基底材料介电常数、颗粒介电常数、颗粒形状等密切相

关的指数参数 α，所以在实际应用中，需要首先已知该类型的几种复合材料的介电特性，通过实验数据拟合获得指数参数 α 后，才能将 Lichtenker 公式应于预测同种类型的复合材料的介电特性[94]。

Yamada 公式的系数 n 也需要通过对实验测量数据进行拟合才能确定[95]，因此，Lichtenker 公式和 Yamada 公式实际上并不具有通用性。与此类似，指数规律公式和通用有效介质公式中的参数 V_c、q、t、s 也只能通过对复合材料的实验数据进行拟合才能确定。文献[97]认为一般情况下，参数 $V_c \approx 0.355$，$q \approx 1.0$，但各种文献报道结果显示，参数 V_c 取值范围为 $0.1 \sim 0.43$，差异非常大；参数 t 的数值范围为 $1 \sim 6.87$，差异也非常大[97]。

此外，强扰动理论、等效介质理论、湿媒理论、T 矩阵法等也相继应用于混合物的等效介电特性分析[98-100]，在众多的分析方法中，等效介质理论是计算等效电磁参数的一种有效方法，它是一种自洽型的理论[101]。Dias 等认为材料的真正组织结构是具有各种连通性的，要计算和设计复合材料的物理属性，挑战是巨大的[102]。在具体应用中，需要根据混合物的实际情况选取与之相适应的计算公式[103]。

在针对二元混合物等效介电特性的研究中，张永杰利用有限元法计算结果拟合了两类周期性结构材料的等效电磁参数计算公式[104]；陈小林等提出一种填充相为球状的两相复合材料介电性能计算模型，并对基质体积分数小于 50% 的二元复合材料进行模拟计算[105]；Rajput S S 等采用 4 种混合公式计算了低体积分数条件下二元陶瓷复合材料的介电常数，认为 Lichtenker 对数模型计算结果与实验结果比较接近[106]；Chen C 等认为 EMT 公式适合于高体积分数条件下的二元陶瓷复合材料介电常数预测，并引入孔隙率校正因子以提高预测精度[107]。Mclachlan D S 等基于对称与非对称有效介质理论，在全面分析二元混合物等效电导率与各组分电导率、体积分数、空间维数等相关参数之间关系的基础上，提出了二元（两种）介质混合物等效电导率的 GEM(general effective medium) 理论计算公式，并通过实验验证了理论公式的正确性和有效性[108]；Zhao X 等基于蒙特卡罗法和有限元法（MC-FEM）[81]，利用 GEM 公式计算了部分混合物的等效介电特性，得到相对应的 GEM 具体参数，但两相物质的介电特性比相对单一，且未得到一个通用性的 GEM 参数关系式。

在农业工程领域，介电特性是农产品电磁应用研究中的关键参数[109]，可靠的介电特性数据是微波器件设计及干燥工艺调控的重要依据。由电磁理论可知，农业颗粒物料的等效介电特性与各组成成分的介电特性、含水量、温度、密度、颗粒结构和颗粒空间分布状态等具有关联性[110]。在过去的几十年，学者们围绕农产品和食品的微波干燥、加热、育种、除虫、保鲜和无损检测等需求开展了大量的研究工作[111-112]，有效地推动了微波能在农业领域的应用。Kent 最早指出鱼粉物料的等效介电常数（ε'）和等效介电损耗因子（ε''）与密度呈线性函数关系，即 $\varepsilon' = a\rho^2 + b\rho + 1$，$\varepsilon'' = c\rho^2 + d\rho$（$\rho$ 为空气/颗粒混合物的密度；a、b、c、d 为针对特定物质的常数）[113]。Klein K 等认为介电特性的平方根与密度呈线性关系[114]，即 $(\varepsilon_1')^{1/2} = ((\varepsilon_2')^{1/2} - 1)\rho/\rho_2 + 1$，$(\varepsilon'' + g)^{1/2} = c^{1/2}\rho + g^{1/2}$（分别简称为 $(\varepsilon_1')^{1/2} \sim \rho$、$(\varepsilon_1'' + g)^{1/2} \sim \rho$，其中，$\rho_2$ 为颗粒的密度，$g = d^2/4c$）。Nelson 采用介电常数的立方根与密度的线性关系式（$(\varepsilon_1')^{1/3} = ((\varepsilon_2')^{1/3} - 1)\rho/\rho_2 + 1$，简称 $(\varepsilon_1')^{1/3} \sim \rho$），对煤粉、小麦粉和小麦颗粒进行理论和实验分析，结果表明：立方根线性关系式的预测精度优于平方根线性关系式[115]，他同时指出 Landau Lifshitz 方程（$\varepsilon^{1/3} = f_1\varepsilon_1^{1/3} + f_2\varepsilon_2^{1/3}$，简称 LLL）适合于分析谷物类颗粒物质的介电特性[116]。然而,这些公式中,不同的颗粒物质所对应的 a、b、c、d 值不相同,即使是对于某一特定颗粒物质,这些参数的确定也需要通过大量的实验测量才能获得。近年来,国内外学者先后建立了谷物、小麦、棉花种子、咖啡等多种农产品颗粒的介电特性与频率、含水率、温度和密度关系的多项式表达式[117-119],但几乎是一类颗粒物质一个公式,且部分表达式的预测误差相对较大(3.0%~10.0%)[51]。

截至目前,虽然有关颗粒混合物等效介电特性的研究已经取得了一定成果(尤其是二维情况),但各个模型及其计算公式对混合物的适用性都呈现出选择性,通过某一公式得到的介电特性预测值与测量值之间的一致性,仅适用于某类物料或外加电场的有限参数范围[81]。前人针对农业物料介电特性的研究成果有效地推进了农产品微波(射频)加工、储藏、输运、育种和非破坏性评价的发展,但与工业领域复合材料介电特性的应用研究相比,当前针对农业物料电磁效应的应用研究与市场的需求规模仍存在差距,具有普适性的介电特性预测模型或理论公式相对较少,相关的基础研究有待进一步深入开展[120]。

1.5.3 颗粒型混合物等效介电特性的数值研究

在现实工程中,资源成本高和时间成本高一直是困扰农业物料微波应用器件设计和工业新型复合材料研发的瓶颈问题,建立有效的数值仿真模型先行进行性能预测,已成为广大研究者所采用的技术方法之一[121-123]。

在二元颗粒填充混合物等效介电特性的数值模拟研究中,Liu C 等采用傅里叶级数展开技术研究了周期方形晶格结构二维复合材料中极性与有效介电常数的关系[99];Wakino K 等采用 MC-FEM 对二维情形下二元复合材料的介电性能进行数值模拟,当 $f_0 = 0.65$ 时幂指数模型($\varepsilon_{\text{eff}}^{(f_i - f_0)} = f_i \varepsilon_i^{(f_i - f_0)} + f_e \varepsilon_e^{(f_i - f_0)}$)的计算值与数值模拟结果相吻合[100];Sareni B 等使用有限元法和边界积分法模拟了周期性二元复合材料中颗粒结构形状和规则位置分布对等效介电常数的影响,但没有考虑介电损耗[124];Chen A 等使用有限元法模拟了二元混合物随机分布时的等效介电特性,认为该模型适用于两相高介电特性对比时的混合物介电性能分析[125];Karkkainen K K 等基于时域有限差分法模拟仿真了二维情形下混合物随机分布时的有效介电常数,反演得到与经典近似公式[98]相符的最佳参数值,但分析的介电常数比仅为 16:1 和 1:16,未考虑损耗因子且不同介电常数比值时的最佳参数值不同,他同时指出似乎没有任何一个近似公式能够准确地预测整个体积分数范围内的模拟行为[126]。

在模拟颗粒对象的结构和空间位置研究方面,Rayleigh 最早对完美简单立方点阵材料体系复合材料的电导率给出了比较精确的解,后来 Mc Phedran 和 Mc Kenzie 对他的算法进行修正,可以计算出体心立方、面心立方等其他点阵结构复合材料的等效电磁参数[127]。随后,众多研究者以球形、立方体形、椭球形、层状金属材料颗粒掺杂而成的颗粒物料为主开展了大量的数值模拟研究[128-129],Jeulin D 等分析了马赛克多边形材料模型[83]。Cheng Y 等使用立方单元随机分布模型获得了球体和椭球几何结构介电常数[130];Torres 和 Jecko 等探讨了电介质参数对微波加热的影响[84];Paulis F D 等计算了球形和圆柱形粒子体积随机分布对混合物等效介电特性的影响[103]；Mekala R 等采用 COMSOL 多物理场仿真软件模拟分析了金属核壳纳米/聚合物介质复合电容器的有效介电性能[131]；Orlowska 使用有限元法和 Matlab 软件仿真了二维情形下球形颗粒随机分布的复合材料介电性能；浦毅杰等基于蒙特卡罗方法，利用 ANSYS 软件的 APDL 参数化设计语言，构建了随机分布纳米颗粒增强陶瓷基复合材料性能数值分析模型[132]。

在堆积或流动型农产品颗粒模型研究方面，黄志刚等采用有限元法模拟仿真了玉米颗粒在转筒干燥器中的传热过程，得到了干燥器的最佳旋转速度及干燥时间；贾富国等[133]应用离散元法模拟了稻谷在无底圆筒中落料堆积现象，但主要研究目的是获取堆积角数据，实验对比分析表明最大误差为 0.18%；Chen H 等采用 COMSOL 软件模拟仿真了微波炉加热过程中部分农产品的内部温度分布，得到了优化的器件设计参数和加热控制参数[134]。黄凯团队利用 COMSOL Multiphysics 多物理场耦合软件，模拟分析了微波干燥过程中玉米籽粒内部水分分布随时间的变化规律以及腔内电场分布规律[136]。郑先哲团队采用类似技术对浆果的微波干燥过程进行模拟，并在另外一项研究中，采用流体动力学软件 SolidWorks Flow Simulation 建立了发芽糙米在微波干燥腔室中的流体仿真模型，研究其内部气流场分布规律。

前人的研究成果为工程的实际应用提供了借鉴。然而，在早期的研究中还面临着一些可以改进的问题：①大部分研究主要针对双组分混合物而开展，且在建立模型时或多或少假设了基质颗粒在基体中的分布是有序的重复单元，即颗粒的分布状态主要基于结构抽象化和颗粒规则化两种类型，颗粒的形状多以球体、立方体、椭球或层状等单一结构形状为主[128]，这些简化后的计算模型与混合体中颗粒的真实存在状态并非完全吻合；部分学者开展了颗粒无序填充对混合物性能的影响研究[137]，但研究内容侧重于颗粒的结构形状或者分布状态中的某一方面。②针对多组分（三组分或更多组分）混合物质和变温变频条件下混合物质的介电性能模拟分析研究成果相对较少，在著名的有限元商用软件中，COMSOL 的多物理场耦合能力使变温变频条件下混合物的性能分析成为可能，然而，该软件中针对三维情形下颗粒随机生成及投放的功能缺失，需用户自行编制脚本程序来实现。在实际工程问题中，由于混合物中的颗粒物质具有各种各样的形状和排列形式，对其混合物等效介电特性进行模拟分析时必须充分考虑各组分的微观结构、分布、相互连通性和介质极化等因素的影响。当前，三维多组分随机混合物等效介电特性的模拟与分析，是混合物等效介电特性数值研究发展的主要方向[130,138]。

1.5.4 农业物料等效介电特性的实验测量研究

在农业领域，基于农产品微波热加工的介电特性研究主要围绕着农产品储藏、加工、保鲜、灭菌灭清选分级、无损检测等方面的需求而展开。Nelson 及其团队在此方面开展了大量工作，研究成果对于农产品的微波辅助应用发挥了重要作用[19,26,139-142]。1953 年，Nelson 测量了 1～50 MHz 频率范围内大麦和谷物的介电特性数据，并在此基础上进行了电湿计设计及其相关应用[141]。随后，俄罗斯报道了小麦和其他谷物的介电特性测量数据[143]。戴克中、Mudgett R E 等综述了食品及生物材料的介电特性、影响因素及其工业应用现状并指出：农产品基本上都是吸湿性的电介质，其介电特性的测量十分重要，该研究方向具有广阔的应用前景[144-145]。

从测量技术方面看,学者们采用精密开槽线技术、电磁波谱法、微扰法、同轴谐振腔、同轴探针法、圆柱谐振腔等技术方法[46,146-147]对鲜食类果蔬、粮食作物、油炸食品、淀粉水体系中频率、含水率、温度、成熟度和品质与介电特性的关系进行了研究[26,46,141]。Miura N等基于时域反射法测量了100 kHz～10 GHz范围内稻米和牛奶的介电松弛特性,认为物料介电特性变化的本质原因是自由水和结合水重定位、界面极化引起的介电松弛现象[148];Tong等采用谐振腔微扰技术测量了同一含水率下豌豆泥的介电特性随温度变化的情况,研究表明,介电常数随着温度和频率增加而增加,而介电损耗因子则不然,在915 MHz频率下介电损耗因子随温度增加而增加,在2450 MHz时介电损耗因子与温度没有显著的相关性,主要是由于2450 MHz时偶极子和离子作用减少[149];Pace W E等采用精密开槽线技术测定了生态马铃薯和马铃薯片的介电特性[150];Guo使用同轴探针法测量了20～4500 MHz频率范围内红辣椒粉末的介电常数[147];Chee等利用电磁波谱法分析了2450 MHz频率点上冷冻干燥马铃薯片中介电常数和含水率的关系[146];Shrestha B B等使用圆柱谐振腔等方法分析了不同品种的蔬菜和肉类食品介电特性与温度、频率、密度等因素的关系[151];Bois提出了用传输线表征颗粒状和液体材料复介电特性的方法[152]。刘芳宏等采用同心轴圆筒式电容器,研究了信号频率(1～200 kHz)、温度(10～30℃)和含水率(8.8%～19.1%)对颗粒饲料相对介电常数的影响,建立了相应的含水率预测模型[153]。Zhu等采用同轴探针法在20～60℃下从10～4500 MHz测量的介电特性数据,开发了温度、水分含量和磨碎榛子频率的多项式方程[5]。王云阳将澳洲坚果的果仁磨碎后制作样品,采用同轴线探针技术测量得到了25～100℃温度下、10～1800 MHz之间的介电特性[154],发现果仁的介电特性随着频率的增加而降低,随着水分含量的增加而增加。

然而,不同测量技术的适用对象具有选择性[3]。比如,平行极板技术要求样品必须是平板型,且测量信号频率范围一般在100 MHz以下。同轴探头技术适合于宽频带范围(500 MHz～110 GHz)粉末及液态物质的测量,但很难直接应用于测量坚果、种子和豆类等低水分产品的介电特性,因为探针的平头和形状很难与测量对象密切接触。传输线技术的测量精度比同轴探头法高,但要求样品的断面形状与传输线的断面形状完全相同,材料断面应平坦、光滑,且与长轴对称,样品制备比较麻烦,适用频率范围较窄。谐振腔技术对于耗散因数低的产品非常敏感,材料准备容易,但要求样品是低损耗、小体积且必须知道样品截面的精确尺寸,该技术仅能在一个或几个频率下测量,分析比较复杂。自由空间法的特点是非接触、无损,适用于高温或恶劣环境下介电参数的测量,但单次测量的样品材料需求量大,且要求是大平面、薄板型,材料的两个表面必须平行。在众多的介质特性测量方法中,同轴线传输反射法具有测量频带宽、用料少及精度高的特点,成为材料微波电磁参数测量的主要方法[155],在成形性较好的固体材料的电磁参数测量方面得到了很好应用,但是使用传统的同轴传输线法进行测量时面临因样品厚度和位置引起的"半波谐振""多值"等问题,且测量前必须使用标准件对测量夹具进行校准[156-157],对此,学者们提出了针对传统同轴线传输反射法的"双线法""多位置法"等改进算法[158-159],研究成果在充分利用该技术方法优势的基础上,进一步拓宽了其在物质介电特性测量领域的应用。郭文川对国外农产品及食品介电特性测量技术及应用进行了综述,指出当前国外农产品介电测量存在技术落后、测量范围窄等问题[3]。总的来说,目前国内外学者针对农产品介电特性的测量方法以测量高介电常数的探针法、谐振腔法等为主,测量对象主要集中于具有高介电常数的鲜食类蔬菜、果品和主要粮食作物(小麦、水稻等)方面[4]。

从研究内容上看,林甄以种类蓝靛果和树莓为例,研究了微波加工过程中介电特性的变化规律[40];秦文采用平行平板电极测定 27 种不同水分含量的农产品的电容,并指出不同种类的果蔬类物料之间组织结构、化学特性的差异较大,不能建立统一的定标方程,当物质吸水受潮后,其极化作用加强导致其介电常数增大[160];黄勇等介绍了介电特性在土壤干旱监测、种子清选分级和果蔬品质检测等方面的应用[161];Nelson 指出,随着频率增大,冬小麦的介电常数下降,但介电损耗因子有可能增大也有可能减小[19];研究者认为不同果蔬在相同温度和含水率条件下的介电特性有差异,果蔬的成分及灰分含量是造成差异的主要原因[40]。另外,董怡为排除容重的影响测量了单粒谷物的介电常数[162];方召等总结了国内在应用介电特性测量谷物的含水率、种子的介电分选以及种子生物效应等方面的研究进展[4];廖宇兰等综述了基于介电特性的农产品品质无损检测研究进展[163];少数学者针对名贵药材的物理特性[164-165]和微波辅助加工[44,164-165]进行了研究。

截至目前,有关微波冶金、微波烧结、微波还原等工业应用方面的颗粒型混合物的等效介电特性的研究成果已经较为丰富,但农业工程领域的颗粒型混合物等效介电特性研究,仅主要集中于具有高介电常数的鲜食类蔬菜或果品及少量主要粮食作物(小麦、水稻等)的实验测量研究,研究成果远远不能满足现实工程的需要:一是针对非磁性涉农介质微波能应用研究的市场化、规模化还远未形成与需要相适应的规模,且面临对物料的介电特性知之甚少和对物料热加工过程中的介电特性动态变化分析不够等现实问题;二是针对颗粒填充混合物质的模拟仿真中还存在着仿真模型理想化问题,还没有成熟的仿真模型和理论方法能够预测和指导颗粒填充混合物的介电特性;三是针对不同结构形状、不同物理属性的混合颗粒填充这类三元或多元杂化体系的数值模拟分析还需进一步完善,有待建立新的填充颗粒结构与介电特性的仿真模型和关系模型,以便能更好地预测混合物质的介电特性、开发设计新的微波反应器件。

第2章
微波与物质相互作用机制

2.1 介质的极化及其介电特性

2.1.1 介质极化及分类

1. 介质极化

当介质被置于外电场中时(如在平板电容器中放入介质),介质分子中的正负电荷会产生微观尺度上的相对位移。由于分子的束缚,这种位移电荷并不能形成电流,只是在电介质内形成偶极矩,偶极矩方向从$-q$指向$+q$,顺电场方向排列,于是在垂直于外电场的介质表面出现极化电荷(或称束缚电荷),这种介质内部产生沿电场方向感生偶极矩的现象称为极化(或称电介质的电极化)。

使用单位体积内感应偶极矩的矢量和来定义极化强度,并用它表征极化的大小,定义为

$$\boldsymbol{P} = \lim_{\Delta V \to 0} \frac{\sum \boldsymbol{\mu}_i}{\Delta V} = \lim_{\Delta V \to 0} \frac{\sum\limits_{i=1} q_i \boldsymbol{x}_i}{\Delta V} \tag{2-1}$$

式中,ΔV 为体积元;$\boldsymbol{\mu}_i$ 为第 i 个偶极矩矢量,且 $\boldsymbol{\mu}_i = q_i \boldsymbol{x}_i$,$\boldsymbol{\mu}_i$ 方向是由负电荷指向正电荷(沿外电场)方向,其数值为电荷量乘正负电荷之间的距离。

2. 极化的分类

通常将极化分为 3 种形式:电子极化、原子极化、偶极子极化。

(1)电子极化:在外电场中,由原子中电子云相对原子核产生相对位移引起,这种极化产生的偶极矩对外场很敏感,建立与消除的时间为 $10^{-16} \sim 10^{-15}$ s,与光波的周期相当,因而又称为光极化。电子极化偶极矩可表示成 $\boldsymbol{\mu}_e = \alpha_e \boldsymbol{E}_i$、$\alpha_e = 4\pi\varepsilon_0 a^3$,其中:$\alpha_e$ 为电子极化率;a 为原子半

径。由于 a 为 10^{-10} m 量级,故 α_e 为 10^{-40} F·m^2 量级。电子极化属于可见光-紫外线频率产生的极化。

（2）原子极化：又称离子极化,由外场作用下原子团或离子相对位移引起,其偶极矩 $\boldsymbol{\mu}_e = \alpha_a \boldsymbol{E}_i$,$\alpha_a = q^2/(\mathrm{d}^2 u/\mathrm{d}x^2)$,其中：$\alpha_a$ 为原子极化率；μ 为偶极子在电场中的位能；q 为离子电荷量,其建立与消除时间与晶格振动有相同量级（$10^{-13} \sim 10^{-12}$ s）,极化频率约小于红外频率,仍属于光频极化。离子相对位移只产生于固体的离子晶体中,因此液体与气体不产生离子极化。

（3）偶极子极化：在外电场作用下,杂乱分布的偶极子转动到电场的方向,以保持位能最低。就介质整体而言,无外场时不带极性,在外电场作用下,出现了宏观偶极矩,故这种极化也叫转向极化。

3. 极化过程

在交变电场下,极化需要一定的建立时间,故加上或去除外电场时,极化强度必随时间而变化。如图 2-1 所示,位移极化强度 $\boldsymbol{P}_\infty$ 瞬时就可建立起来,而弛豫极化强度 $\boldsymbol{P}_r(t)$ 则需要一个建立或去除的过程。

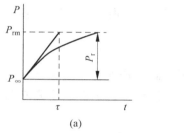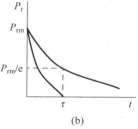

图 2-1　极化强度 P 与时间 t 的关系
（a）加上电场；（b）去除电场

极化强度 $\boldsymbol{P}_r(t)$ 一般可表示为

$$\boldsymbol{P}(t) = \boldsymbol{P}_\infty + \boldsymbol{P}_r(t) \tag{2-2}$$

弛豫极化可表示为

$$\boldsymbol{P}_r = \boldsymbol{P}_{rm}(1 - e^{-t/\tau}) \text{（加上电场）} \tag{2-3}$$

$$\boldsymbol{P}_r = \boldsymbol{P}_{rm} e^{-t/\tau} \text{（去除电场）} \tag{2-4}$$

式中,τ 为极化弛豫时间,表示极化强度从最大值 P_{rm} 降到 P_{rm}/e 的时间。P_{rm} 表示 $t \to \infty$ 时弛豫极化强度建立起来的值。

根据克劳修斯方程关于光频位移极化强度的定义：

$$\boldsymbol{P}_\infty = \varepsilon_0(\varepsilon_\infty - 1)\boldsymbol{E} \tag{2-5}$$

则弛豫极化强度为

$$\boldsymbol{P}_r = \boldsymbol{P} - \boldsymbol{P}_\infty = \varepsilon_0(\varepsilon_s - \varepsilon_\infty)\boldsymbol{E} \tag{2-6}$$

式中,$\boldsymbol{E}$ 为介质内的宏观平均电场强度；ε_∞ 为光频介电常数；ε_s 为静态介电系数或相对介电常数；$\varepsilon_\infty = n^2$,n 为光在介质中的折射率。

2.1.2 介电特性

为了描述介质的介电特性,在宏观电磁理论中定义

$$D = \varepsilon_0 E + P \tag{2-7}$$

尽管在电磁波作用下,介质的极化是一个极为复杂的微观过程,但在宏观电磁理论中可以通过介质的复介电常数来表征,对于各向同性线性介质

$$P = \varepsilon_0 \chi_e E \tag{2-8}$$

式中,χ_e 为介质的极化率。

式(2-7)变为

$$D = \varepsilon_0 E + \varepsilon_0 \chi_e E = \varepsilon_0 \varepsilon_r E = \varepsilon_0 (\varepsilon' - j\varepsilon'') E = \varepsilon E \tag{2-9}$$

式中,ε 为复介电常数(或复电容率);ε_r 为复相对介电常数(或复相对电容率);$j = \sqrt{-1}$ 为虚部单位。

在微波热加工物料中,介电特性是研究物料与电磁波相互作用的重要电磁参数。由式(2-9)可知,复相对介电常数 ε_r 由两部分组成

$$\varepsilon_r = \varepsilon' - j\varepsilon'' \tag{2-10}$$

式中,$j = \sqrt{-1}$ 为虚部单位;ε' 为介电常数;ε'' 为介电损耗因子(简称损耗因子)。

2.1.3 穿透深度

穿透深度是描述物料介质性质的一个物理量,是评价一定频率的微波能否对材料进行均匀加热的一个重要指标。定义微波在传播过程,当波幅降至原值的 $1/e$ 时的传播距离为穿透深度 D_p,其表达公式为[166]

$$D_p = 1/\sqrt{\pi f \mu \sigma} \tag{2-11}$$

由式(2-11)可以看出,微波在介质中的穿透深度与微波频率的平方根成反比,与介质电导率的平方根成反比。因此,穿透深度是由物质的介电特性和微波频率决定的物理量。例如,常用工业加热和民用微波炉的加热频率为 0.915 GHz 和 2.45 GHz。0.915 GHz 微波的穿透深度是 2.45 GHz 的 2.5 倍。

2.2 微波能量转化原理

在线性有耗无源导电介质中,时谐电磁场满足如下形式的麦克斯韦(Maxwell)方程

$$\nabla \times H = \sigma E + j\omega D \tag{2-12}$$

$$\nabla \times E = -j\omega B \tag{2-13}$$

$$\nabla \cdot D = 0 \tag{2-14}$$

$$\nabla \cdot B = 0 \tag{2-15}$$

定义复数坡印亭(Poynting)能流密度矢量

$$S^* = (E \times H^*)/2 \tag{2-16}$$

利用矢量关系式

$$\nabla \cdot (E \times H^*) = H^* \cdot (\nabla \times E) - E \cdot (\nabla \times H^*) \tag{2-17}$$

可得

$$-\nabla \cdot (\boldsymbol{E} \times \boldsymbol{H}^*) = -\mathrm{j}\omega \boldsymbol{E} \cdot \boldsymbol{D}^* + \mathrm{j}\omega \boldsymbol{H}^* \cdot \boldsymbol{B} + \sigma \boldsymbol{E} \cdot \boldsymbol{E}^* \tag{2-18}$$

对各向同性线性非色散介质,$\varepsilon = \varepsilon_0(\varepsilon' - \mathrm{j}\varepsilon'')$、$\varepsilon^* = \varepsilon_0(\varepsilon' + \mathrm{j}\varepsilon'')$、$\mu = \mu_0(\mu' - \mathrm{j}\mu'')$、$\mu^* = \mu_0(\mu' + \mathrm{j}\mu'')$,式(2-18)可改写为

$$\begin{aligned}
-\nabla \cdot (\boldsymbol{E} \times \boldsymbol{H}^*) &= -\mathrm{j}\omega\varepsilon^* E^2 + \mathrm{j}\omega\mu H^2 + \sigma E^2 \\
&= -\mathrm{j}\omega\varepsilon_0\varepsilon' E^2 + \mathrm{j}\omega\mu_0\mu' H^2 + \sigma E^2 + \omega\varepsilon_0\varepsilon'' E^2 + \omega\mu_0\mu'' H^2
\end{aligned} \tag{2-19}$$

对于体积为 V、表面积为 S 的物料,将高斯定理应用于式(2-19),可得

$$-\oint_S (\boldsymbol{E} \times \boldsymbol{H}^*) \cdot \mathrm{d}\boldsymbol{S} = \int_V (-\mathrm{j}\omega\varepsilon_0\varepsilon' E^2 + \mathrm{j}\omega\mu_0\mu' H^2 + \sigma E^2 + \omega\varepsilon_0\varepsilon'' E^2 + \omega\mu_0\mu'' H^2)\mathrm{d}V \tag{2-20}$$

将复数 Poynting 能流密度矢量分成实部和虚部:

$$\boldsymbol{S}^* = \bar{\boldsymbol{S}} + \mathrm{j}\boldsymbol{q}, \bar{\boldsymbol{S}} = \mathrm{Re}(\boldsymbol{S}^*), \boldsymbol{q} = \mathrm{Im}(\boldsymbol{S}^*) \tag{2-21}$$

式中,$\bar{\boldsymbol{S}}$ 为一个周期内功率流密度的平均值,即有功功率密度;$\boldsymbol{q}$ 为无功功率密度。

于是式(2-19)也可分为实部和虚部:

$$-\nabla \cdot \boldsymbol{S} = \sigma E^2/2 + \omega\varepsilon_0\varepsilon'' E^2/2 + \omega\mu_0\mu'' H^2/2 \tag{2-22}$$

$$-\nabla \cdot \boldsymbol{q} = \omega(\mu_0\mu' H^2 - \varepsilon_0\varepsilon' E^2)/2 \tag{2-23}$$

式(2-19)的实部可表示为

$$\begin{aligned}
-\oint_S \bar{\boldsymbol{S}} \cdot \mathrm{d}\boldsymbol{S} &= -\oint_S \mathrm{Re}((\boldsymbol{E} \times \boldsymbol{H}^*)/2) \cdot \mathrm{d}\boldsymbol{S} \\
&= \int_V ((\sigma E^2 + \omega\varepsilon_0\varepsilon'' E^2 + \omega\mu_0\mu'' H^2)/2)\mathrm{d}V \\
&= \int_V (p_1 + p_2 + p_3)\mathrm{d}V
\end{aligned} \tag{2-24}$$

在式(2-24)中:左边 $-\oint_S \bar{\boldsymbol{S}} \cdot \mathrm{d}\boldsymbol{S}$ 表示通过物料表面 S 进入介质内部的微波有功功率,第3行右边第1项 $p_1 = \sigma E^2/2$ 为欧姆损耗的平均功率密度,第2项 $p_2 = \omega\varepsilon_0\varepsilon'' E^2/2$ 为物料的极化损耗的平均功率密度,第3项 $p_3 = \omega\mu_0\mu'' H^2/2$ 为物料的磁化损耗的平均功率密度,因此,进入物料中的微波有功功率,分别以欧姆损耗、极化损耗、磁化损耗的方式被物料所吸收。

式(2-19)的虚部可表示为

$$-\oint_S \boldsymbol{q} \cdot \mathrm{d}\boldsymbol{S} = 2\omega \int_V (\mu_0\mu' H^2/4 - \varepsilon_0\varepsilon' E^2/4)\mathrm{d}V = 2\omega \int_V (\bar{\omega}_m - \bar{\omega}_e)\mathrm{d}V \tag{2-25}$$

式(2-25)中,$\bar{\omega}_m = \mu_0\mu' H^2/4$ 为物料中磁场的平均储能密度;$\bar{\omega}_e = \varepsilon_0\varepsilon' E^2/4$ 为物料中电场的平均储能密度。

将物料的电磁特性用均匀化等效电磁参数表示,则由式(2-24)、式(2-25)可知,物料在微波热加工过程中所储存、吸收的微波能量分别为:

(1)物料所储存的平均电场能为

$$W_e = \varepsilon_0\varepsilon'_{eff}\overline{E^2}V/4 \tag{2-26}$$

式中,ε'_{eff} 为物料的等效介电常数;$\overline{E^2}$ 为物料中电场强度平方的平均值。

（2）物料所储存的平均磁场能为

$$W_m = \mu_0 \mu'_{eff} \overline{H^2} V / 4 \tag{2-27}$$

式中，μ'_{eff} 为物料的等效磁导率；$\overline{H^2}$ 为物料中磁场强度平方的平均值。

（3）物料的欧姆损耗功率为

$$P_1 = \sigma_{eff} \overline{E^2} V \tag{2-28}$$

式中，σ_{eff} 为物料的等效电导率。

由式（2-28）可见，物料的等效电导率越大，载流子引起的宏观电流越大，从而有利于微波能转化为热能。

（4）物料的介质极化损耗功率为

$$P_2 = \frac{1}{2} \omega \varepsilon_0 \varepsilon''_{eff} \overline{E^2} V \tag{2-29}$$

式中，ε''_{eff} 为物料的等效介电损耗因子。

由式（2-29）可见，物料的等效介电损耗因子越大，越利于微波能转化为热能。物料的介质损耗是由于介质反复极化产生的"摩擦"作用而引起能量的损耗，介质极化过程主要有电子云位移极化、离子位移极化、极性介质电矩转向极化等。

（5）物料的磁化损耗功率为

$$P_3 = \frac{1}{2} \omega \mu_0 \mu''_{eff} \overline{H^2} V \tag{2-30}$$

式中，μ''_{eff} 为物料的等效磁损耗因子。

由式（2-30）可见，物料的等效磁损耗因子越大，越利于微波能转化为热能。物料的磁化损耗是由于介质反复磁化的"摩擦"作用而引起能量的损耗。其主要来源是磁滞磁畴转向、畴壁位移、磁畴自然共振等。

综上所述，物料的电磁特征参数 σ、ε'、ε''、μ'、μ'' 在微波热加工中具有重要作用；参数 σ、ε''、μ'' 直接影响着物料中微波能量的转化；参数 ε' 和 μ' 则直接影响着物料中微波能量的储存。

2.3　物料性质对吸波特性的影响

由于物料的电磁特性对其吸波特性具有重要影响，本节对不同电磁特性物料的吸波特性逐一进行讨论和分析。

1. 理想介质的吸波特性

若物料为理想介质，由于理想介质的 $\sigma = 0$，$\varepsilon'' = 0$，$\mu'' = 0$，由式（2-24）可知 $p_1 = 0$，$p_2 = 0$，$p_3 = 0$，所以理想介质的微波损耗功率密度为

$$p = p_1 + p_2 + p_3 = 0 \tag{2-31}$$

即理想介质不吸波。因此，在微波热利用中，承载物料的器具都用陶瓷、塑料等趋近理想介质的材料做成，以减少其对微波能量的吸收。

2. 理想导体的吸波特性

若物料为理想导体，由于理想导体的电导率 $\sigma = \infty$，所以理想导体内部电场强度 $E = 0$。

因此,理想导体内部无电磁波。理想导体表面是一个电磁波反射镜面,理想导体不吸收微波,据此,微波腔都用具有较高导电性的良导体构成,目的就是保证到达腔壁的微波能量不仅不被吸收,而且能够被较好地反射到物料中。

3. 一般导体的吸波特性

对于一般导体,由于其电导率 σ 为有限大小,由式(2-24)可知,一般导体的欧姆损耗功率密度为

$$p_1 = \sigma E^2/2 \tag{2-32}$$

所以一般导体的表面是吸波的。但由于铝、铁等金属的微波穿透深度 $D_p = 1/\sqrt{\pi F \mu \sigma}$ 很小,所以一般微波反应器的腔壁可用金属板材封闭构成,同时,其欧姆损耗功率也并不太高。

4. 极性介质的吸波特性

若介质为各向同性非磁性极性介质,且其弛豫特性为德拜(Debye)型,则其介质特性可表示为

$$\varepsilon^* = \varepsilon_0(\varepsilon' - j\varepsilon'') = \varepsilon_0\left(\varepsilon_\infty + \frac{\varepsilon_s - \varepsilon_\infty}{1 + j\omega\tau}\right) \tag{2-33}$$

$$\varepsilon' = \varepsilon_\infty + \frac{\varepsilon_s - \varepsilon_\infty}{1 + (\omega\tau)^2} \tag{2-34}$$

$$\varepsilon'' = \frac{\varepsilon_s - \varepsilon_\infty}{1 + (\omega\tau)^2}\omega\tau \tag{2-35}$$

式中,ε_s 为低频或者静态电场时介质的介电常数;ε_∞ 为频率趋于无穷大时介质的介电常数,也称光频介电常数;τ 为介质的极化弛豫时间。

由式(2-34)、式(2-35)可以看出,对于极性介质,ε' 和 ε'' 都是随频率而变化的函数,极化弛豫时间 τ 与介质的温度有关。另外,由式(2-34)、式(2-35)可知:

(1) 当 $\omega\tau \ll 1$ 时,$\varepsilon' \to \varepsilon_s$,$\varepsilon'' \to 0$,式(2-24)中 $p_2 \to 0$,此时介质没有极化损耗。

(2) 当 $\omega\tau \gg 1$ 时,$\varepsilon' \to \varepsilon_s$,$\varepsilon'' \to 0$,介质的弛豫极化时间太长,弛豫极化无法建立,式(2-24)中 $p_2 \to 0$,此时介质也没有极化损耗。

(3) 当 $\omega\tau \to 1$ 时,ε' 和 ε'' 都随微波频率和介质温度而变化,这个区域成为"介质弥散区"。由式(2-24)可知,在这个区域总是伴随着能量的吸收,从而形成介质的极化损耗。对于某一介质,ε'' 在某一频率会出现极大值;不同的介质 ε'' 出现极大值的频率也不尽相同。

因此,处于低频电磁场中的介质,由于其偶极子伴随着电磁场的周期性变化而重新排列,分子因此而获得能量,其中一部分能量又因为分子间的碰撞而损失,所以总的热效应非常小。在过高频率的电磁场中,由于偶极子没有足够的时间伴随电磁场变化而做出相应的重新排列,也就无法形成分子的运动,因此没能传递能量,所以没有产生热效应。在高低两个极限频率之间,存在着偶极子能够有足够时间做出响应的频率区间,也就是微波频率段。

在微波频率区间,偶极子有足够时间形成相应的运动,但又不能完全跟随外加电磁频率的变化,当偶极子刚刚适应电场中的排列,电场就发生了变化,于是刚刚建立的平衡随即又被打破,这种周期性的变化使得偶极子产生各种随机碰撞,从而完成了对介质加热的过程。

2.4　物料对微波能量的吸收

在对物料进行微波热加工处理时,物料将其所吸收的微波能转换为热能。若物料是非磁性均匀各向同性介质,且物料内部存在水分蒸发,则在微波与物料相互作用的过程中,物料的介电特性是动态的,介电特性与物料内电磁能分布、物料所吸收的微波能等必须遵守能量守恒定律。

2.4.1　基于能量守恒的微波能吸收

在微波频率段,物料吸收的微波能转化为体积热,体积热的能量包括物料温度升高、水分蒸发、内部热传递的能量以及对流热交换。根据能量守恒定律,体积热等于物料从电磁场中所吸收的微波能。

物料温升所需能量为

$$Q_1 = \rho V \cdot c_p \cdot \frac{\partial T_k}{\partial t} \tag{2-36}$$

式中,ρ 为物料的质量密度;V 为物料的体积;c_p 为物料的比热容;T_k 为物料的绝对温度;t 为时间。

物料热传递的能量为

$$Q_2 = k \cdot \Delta T_k \cdot \frac{1}{S} \tag{2-37}$$

式中,k 为热传递系数;S 为物料表面的蒸发面积。

物料水分蒸发所需能量为

$$Q_3 = \rho V \cdot h \cdot \frac{\partial m}{\partial t} \tag{2-38}$$

式中,h 为物料中的水分蒸发潜热;m 为物料的水分蒸发密度。

在微波真空加热过程中,将物料在单位时间内所吸收的微波能用符号 Q 表示,则有

$$Q = Q_1 + Q_2 + Q_3 \tag{2-39}$$

$$Q = \rho V c_p \frac{\partial T_k}{\partial t} + k \cdot \Delta T_k \cdot \frac{1}{S} + \rho V \cdot h \cdot \frac{\partial m}{\partial t} \tag{2-40}$$

由式(2-40)可以看出,微波加热物料过程中产生的体积热与物料的温度、含水率、密度、比热容、热传递系数、物料体积以及物料蒸发面积有关。

2.4.2　基于吸收系数的微波能吸收

为了描述微波热加工过程中微波能的利用率,通常定义物料吸收的微波能与入射微波能之比为物料的微波吸收系数。设入射到物料表面的微波能流密度为 $\overline{S}_0$、透射进入物料内部的微波能流密度为 $\overline{S}_2$,则由电磁理论可知:

$$|\overline{S}_2| = \frac{\beta |E_2|^2}{2\omega\mu_0} \tag{2-41}$$

$$\mid \overline{S}_0 \mid = \frac{\sqrt{\varepsilon_0} \mid E_0 \mid^2}{2\sqrt{\mu_0}} \tag{2-42}$$

式中,E_0 为物料表面入射微波的电场强度;E_2 为物料表面透射进入物料的微波的电场强度;β 为相位因子。

相位因子 β 可由式(2-43)计算:

$$\beta = \frac{\omega}{c_0} \sqrt{\frac{\sqrt{\varepsilon'^2 + \varepsilon''^2} + \varepsilon'}{2}} \tag{2-43}$$

式中,c_0 是微波在真空中的传播速度。

作为一种理想情况,假设进入物料内部的微波能全部被物料所吸收,则可推导出理想情况下微波吸收系数的计算公式:

$$N = \left| \frac{\boldsymbol{S}_2}{\boldsymbol{S}_0} \right| = \frac{2\sqrt{2(\sqrt{\varepsilon'^2 + \varepsilon''^2} + \varepsilon')}}{\sqrt{\varepsilon'^2 + \varepsilon''^2} + \sqrt{2\sqrt{\varepsilon'^2 + \varepsilon''^2} + \varepsilon'} + 1} \tag{2-44}$$

设微波设备输出功率为 P_0,则由微波吸收系数的定义可知

$$Q = N \cdot P_0 \tag{2-45}$$

将式(2-44)、式(3-45)代入式(2-40),即可获理想条件下,物料单位时间内所吸收的微波能量为

$$Q = \frac{2\sqrt{2(\sqrt{\varepsilon'^2 + \varepsilon''^2} + \varepsilon')}}{\sqrt{\varepsilon'^2 + \varepsilon''^2} + \sqrt{2\sqrt{\varepsilon'^2 + \varepsilon''^2} + \varepsilon'} + 1} \cdot P_0 \tag{2-46}$$

由式(2-46)可知,对于非磁性物料,物料所吸收的微波能与物料的介质特性高度相关,物料的介质特性对微波能的有效吸收效率具有重要影响。

第3章
微波反应腔结构对加热效率及均匀性的影响

 3.1 **微波加热效率和均匀性的分析评价方法**

加热均匀性和微波能利用效率是微波农产品热加工中需要关注的主要问题[167]，根据微波加热理论，微波反应器的馈口位置、磁控装置、腔体结构、承载体及加热物料等都不同程度地影响着微波加热的均匀性和效率。本章利用仿真软件建立微波反应器模型，研究微波反应器的磁控装置及腔体结构对微波吸收效率和加热均匀性的影响，综合分析可同时兼顾微波反应器加热效率和均匀性的基本规律[168,169]。

1. 控制方程

微波腔中的电磁场通过 Maxwell 方程进行求解，其中电场强度的控制方程可表示为

$$\nabla \times \mu_r^{-1}(\nabla \times \boldsymbol{E}) - k_0^2 \left(\varepsilon - \frac{\mathrm{j}\sigma}{\omega \varepsilon_0}\right) \boldsymbol{E} = 0 \tag{3-1}$$

式中，$\boldsymbol{E}$ 为电场强度，V/m；ε_0 为真空中介电常数，F/m；ε 为物料的相对复介电常数，F/m；μ_r 为物料的相对磁导率；k_0 为自由空间波的数量，m^{-1}；σ 为电导率，S/m；ω 为角频率，rad/s。

2. 微波吸收效率

由 2.2 节可知，在微波加热腔内，被加热介质单位体积所吸收微波的功率 P 为[170]：

$$P = \frac{1}{2}\omega \varepsilon_0 \varepsilon'' \mid \boldsymbol{E} \mid^2 \tag{3-2}$$

式中，ε'' 为介质的介电损耗因子。由式(3-2)可知，在其他条件不变的情况下，介质材料单位体积所吸收功率 P 与电场强度 E 的平方成正比，即

介质负载吸收的微波功率取决于加热腔体内的电场强度 E 的平方。

微波功率吸收效率,即微波加热期间,负载吸收功率与微波输入功率的比值,采用微波功率吸收效率来表征微波加热效率。在仿真计算中,物料对微波的吸收效率 η 可表示为[171]

$$\eta = 1 - \frac{\text{Power}_{11} + \text{Power}_{22}}{2} - \text{Power}_{21} \tag{3-3}$$

式中,Power_{11}、Power_{22} 分别为馈口 1 和馈口 2 本身的反射功率,Power_{21} 为馈口 1 和馈口 2 之间的透射功率。

3. 均匀性评价方法

微波炉加热均匀性是反映炉腔内各点加热是否均匀、食物是否能够均匀受热的性能检测。按照《家用微波炉性能试验方法》(GB/T 18800—2008)的要求,加热均匀性测试主要用水作为负载来考察(5 杯水方法),即通过测量和比较腔内不同位置的负载温度来考察器件的加热均匀性[172,173]。

在数值仿真中,微波场分布的均匀性可采用观察电场分布图和计算电场分布的标准偏差等方法进行评价[174]。由于观察场分布图的方法具有较强的主观因素,故采用计算场分布的标准偏差进行评价。标准偏差的定义为[175]

$$\alpha = \sqrt{\sum_{i=1}^{n} (E_i - \overline{E})^2 / (n-1)} \tag{3-4}$$

式中,E_i 为第 i 个取样点的电场在一个振荡周期内的平均值,V/m;n 为总的取样点数量;$\overline{E}$ 为所有采样点 E_i 的平均值,V/m。由标准偏差的定义可知,α 值越小,电场分布越均匀,即加热的均匀性越好。

4. 归一化权重因子

为综合评价优化装置的不同结构参数对加热效率和均匀性的影响,以便为不同需求的微波反应器设计提供依据,引入如下归一化权重公式[169]:

$$eff_{\text{uni}} = c \frac{\Delta eff}{\Delta eff_{\text{max}}} + (c-1) \frac{\Delta \alpha_{\text{max}} - \Delta \alpha}{\Delta \alpha_{\text{max}} - \Delta \alpha_{\text{min}}} \tag{3-5}$$

式中,c 为综合影响权重因子且 $c \in (0,1)$;eff_{uni} 为腔体结构参数对加热效率和均匀性的综合影响;Δeff 为加热效率变化幅值的平均值;Δeff_{max} 为加热效率变化幅值的最大值;$\Delta \alpha$ 为电场分布标准偏差变化幅度的平均值;$\Delta \alpha_{\text{max}}$ 为电场分布标准偏差最大值的变化幅度;$\Delta \alpha_{\text{min}}$ 为电场分布标准偏差最小值的变化幅度。

5. 数值仿真基本模型

定义矩形微波反应腔基础模型(图 3-1)的结构为[176]:腔体尺寸为 400 mm×380 mm×240 mm,圆柱体负载的半径为 R,高度为 H,负载底面距离箱底的高度为 h。仿真得到此反应腔的馈口位置、大小和负载位置及大小的优化参数[177],选取馈口尺寸为 84 mm×58.6 mm×60 mm,馈口中心离腔体顶面中心的水平距离为 99.3 mm,馈口激励源中心频率为 2.45 GHz。负载材料为粉煤灰($\varepsilon_r' = 5$,$\tan\delta = 0.0025$),最优尺寸参数为 $R = 150$ mm、$H = 140$ mm、$h = 40$ mm。

定义圆柱形微波反应腔基础模型(图 3-2)的结构为[171]:腔体内部为 660 mm×270 mm,内置圆柱筒为玻璃材料($\varepsilon'=4.9$,$\tan\delta=0.006$),厚度为 10 mm。高为 d,圆柱体负载的半径为 r,高度为 H。选取馈口尺寸为 84 mm×58.6 mm×60 mm,两馈口位于外筒顶部,输入的电磁波功率均为 1000 W,馈口之间的角度为 θ,馈口激励源中心频率为 2.45 GHz,负载材料为粉煤灰。

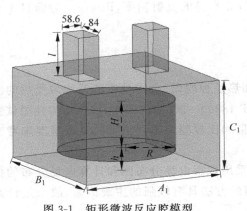

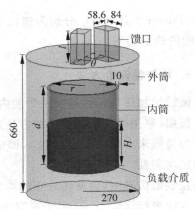

图 3-1 矩形微波反应腔模型　　　　　图 3-2 圆柱形微波加热器模型

3.2 馈口位置及负载参数对微波加热效率的影响

3.2.1 馈口位置和负载参数对箱式微波反应腔加热效率的影响

1. 模型及参数

使用矩形微波反应腔模型(图 3-1),底部馈口排布分垂直和平行两种情况,如图 3-3、图 3-4 所示。两馈口输入的电磁波功率均为 1000 W,腔内所加负载为粉煤灰,图中阴影部分所示体积为 $200\times200\times H$(mm³),介质底部与腔体底面之间的距离为 40 mm。利用高频电磁仿真软件 HFSS 求解腔体内的电磁场分布便可分析两馈口互相垂直和平行排布下不同的 b、H、l 对两馈口本身及馈口间反射功率的影响,最终得出对加热效率的影响。

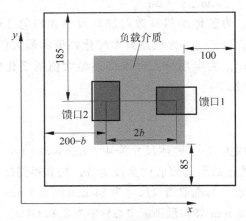

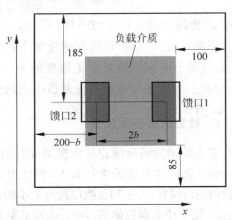

图 3-3 底部馈口垂直排布示意图　　　　图 3-4 底部馈口平行排布示意图

2. 馈口参数变化对反射功率的影响

当 $H=100$ mm，$l=40$ mm 时，两馈口互相垂直及平行时的反射功率随 b 的变化如图 3-5、图 3-6 所示。两馈口相互垂直时，由图 3-5 可知，当馈口 1 的中心离腔体底面中心的距离（b_1）为 145 mm，馈口 2 的中心离腔体底面中心距离（b_2）为 115 mm 时两馈口本身的反射功率最小，而两馈口之间的反射功率几乎为零。两馈口相互平行时，由图 3-6 可知，当 $b=90$ mm 时，馈口本身及馈口之间的反射均较小。综上，当馈口长边平行于负载边界时，馈口中心在边界附近的反射功率出现极小值；而当馈口长边垂直于负载边界时，馈口中心在边界附近的反射功率则是出现极大值。当馈口相互垂直时，馈口间的耦合功率几乎为零；而馈口相互平行时，则馈口之间的耦合功率相对较大。

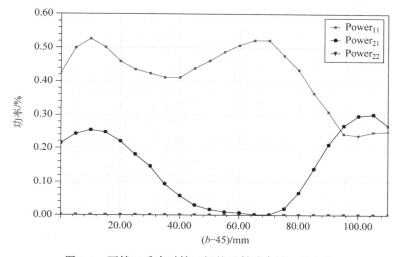

图 3-5 两馈口垂直时馈口间的反射功率随 b 的变化

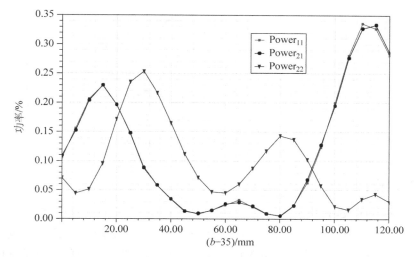

图 3-6 两馈口平行时馈口之间的反射功率随 b 的变化

当两馈口垂直时，取 $b_1=145$ mm，$b_2=115$ mm，$h=74$ mm。图 3-7 为反射功率随馈口长度 l 的变化情况。当两馈口平行时，取 $b=90$ mm，$h=74$ mm。图 3-8 为反射功率随馈口长度 l 的变化情况。由两图可知，当馈口长度超过 30 mm 时反射功率基本保持不变，因此，在模拟中馈口长度取大于 30 mm 即可。

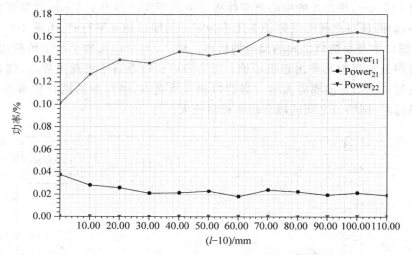

图 3-7　两馈口垂直时馈口间的反射功率随 l 的变化

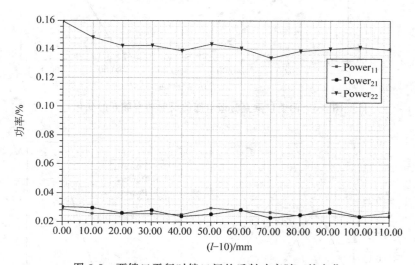

图 3-8　两馈口平行时馈口间的反射功率随 l 的变化

3. 介质参数变化对反射功率的影响

当两馈口相互垂直时，由前文可知 $b_1=145$ mm，$b_2=115$ mm 时反射较小，故馈口位置选取此参数。图 3-9 为馈口的反射功率随负载介质厚度 H 的变化。由图 3-9 可知，当 $H=15$、38、74 mm 时，馈口本身的反射功率基本都小于 5%，而馈口之间的反射功率则已基本为零。对于两馈口平行的情况，取 $b=90$ mm，馈口波导长度不变。馈口的反射功率随负载介质厚度 H 的变化如图 3-10 所示。由图 3-10 可知，当 $H=15$、38、74 mm 时，馈口本身的反射功率也出现了极小值。综合可得,当加载介质厚度约为 15、38、74 mm 时,馈口的反射功率都出现了极小值。与负载介质中的有效波长 λ_{ef}(=77.4 mm)比较可得,出现极小值的介质厚度约为 $\lambda_{ef}/4$、$\lambda_{ef}/2$、λ_{ef}。

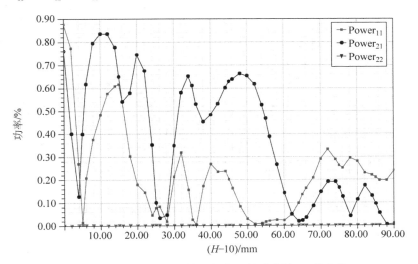

图 3-9 两馈口垂直时馈口间的反射功率随 H 的变化

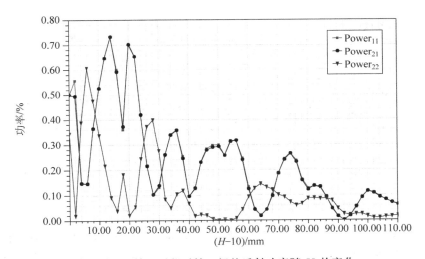

图 3-10 两馈口平行时馈口间的反射功率随 H 的变化

4. 馈口及介质参数对加热效率的影响

根据前述讨论,对于两馈口垂直的情况,取 $b_1=145$ mm,$b_2=115$ mm,$H=74$ mm,$l=40$ mm 进行仿真。图 3-11 为 2.40~2.50 GHz 范围内各馈口的反射功率。因为微波的吸收效率 η 可表示为 $\eta=1-(\text{Power}_{11}+\text{Power}_{22})/2-\text{Power}_{21}$。由图 3-11 可知,优化后微波的吸收效率在 2.430~2.445 GHz 的频段内高达 95%。对于两馈口平行的情况,取 $b=90$ mm,$H=74$ mm,$l=40$ mm 进行仿真。图 3-12 为 2.40~2.50 GHz 范围内的反射功率。由图 3-12 可知,经优化后,微波的吸收效率在 2.42 GHz 附近也高达 91%。

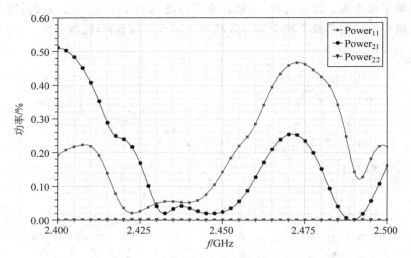

图 3-11　馈口垂直时馈口间的反射功率随频率的变化

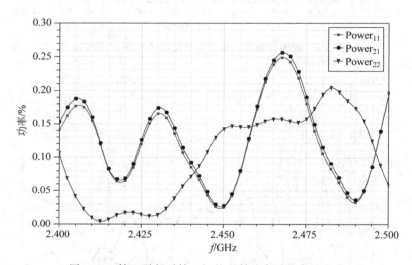

图 3-12　馈口平行时馈口间的反射功率随频率的变化

　　不同馈口位置、馈口方向、负载厚度及馈口长度对微波加热效率影响的仿真结果表明：①馈口长边平行于负载边界时，馈口中心在边界附近的反射功率较小，馈口长边垂直于负载边界时，馈口中心在边界附近的反射功率较大；②当负载介质厚度为介质中有效波长的 1/4、1/2 及 1 倍时，反射功率出现极小值；③当馈口相互垂直时，馈口间的耦合功率几乎为零，而馈口相互平行时，馈口之间的耦合功率相对较大。另外，在建模仿真中，馈口长度需取大于 30 mm 才能使其对仿真结果影响较小。取优化后的参数对优化模型重新进行仿真，结果表明，馈口相互垂直时优化后的加热效率可达 95％，而馈口相互平行时的效率则为 91％。

3.2.2 馈口位置和负载参数对圆柱形式微波反应腔加热效率的影响

1. 模型及参数

使用矩形微波反应腔模型(图 3-2),两馈口位于外筒顶部,输入的电磁波功率均为 1000 W,内筒为玻璃材料,厚度为 10 mm,负载为粉煤灰。利用高频电磁仿真软件 HFSS 求解腔体内的电磁场分布,分析馈口间夹角 θ、馈口长度 l、内筒半径 r、内筒高度 d 及负载厚度 H 对两馈口本身及馈口间反射功率的影响,最终得出对微波吸收效率的影响。

2. 馈口参数对反射功率的影响

当取 $r=130$ mm,$d=390$ mm,$H=100$ mm,$l=40$ mm,$\theta=70°$时,两馈口的反射功率随角度 θ 的变化如图 3-13 所示。由图 3-13 可知,馈口间的夹角 $\theta=140°$时,馈口本身及馈口间的反射功率出现极小值。反射功率出现极小值的角度 θ 是初始角度的 2 倍。

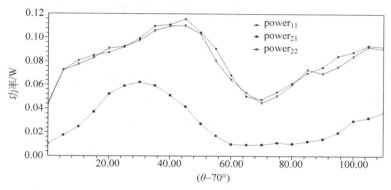

图 3-13 馈口及馈口间反射功率随 θ 的变化

当两馈口间夹角 $\theta=140°$时反射功率均较小,故 θ 取此参数,内筒半径 r、高度 d。馈口的反射功率随馈口长度 l 的变化如图 3-14 所示。由图 3-14 可知,当馈口的长度大于 30 mm 时,馈口本身及馈口间的反射功率基本都小于 6%;当馈口的长度 $l=90$ mm 时,馈口本身及馈口间的反射功率均最小。

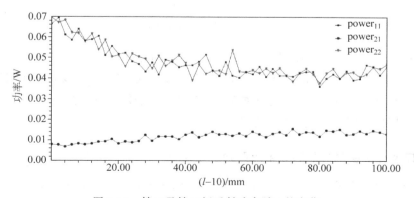

图 3-14 馈口及馈口间反射功率随 l 的变化

3. 介质参数变化对反射功率的影响

当馈口长度 $l=90$ mm，馈口的反射功率随内筒半径 r 的变化如图 3-15 所示。由图 3-15 可知，当内筒半径 135 mm≤r≤165 mm 时，馈口本身及馈口之间的反射功率变化不大，在 $r=115$、135、160 mm 时，馈口及馈口间的反射功率出现极小值，几乎趋于零。

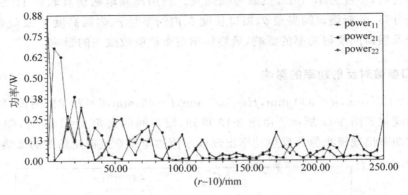

图 3-15　馈口及馈口间的反射功率随 r 的变化

当内筒半径 $r=160$ mm 时反射功率均较小，故取此参数。馈口间夹角 θ、长度 l，负载厚度 H 与图 3-2 相同。馈口的反射功率随内筒高度 d 的变化如图 3-16 所示。由图 3-16 可知，当 $d=370$、410 mm 时，馈口及馈口间反射功率几乎趋于零。

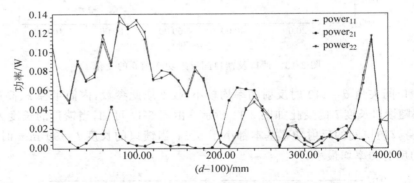

图 3-16　馈口及馈口间反射功率随 d 的变化

取内筒半径 $r=160$ mm，高度 $d=370$ mm，馈口的反射功率随负载厚度 H 的变化如图 3-17 所示。由图 3-17 可知，随负载厚度 H 的增加，两馈口本身的反射功率波动较大。当 $H=155$、330 mm 时，馈口及馈口间的反射功率均较小，与负载介质中的有效波长 λ_{ef}（77.4 mm）比较可得，出现极小值的介质厚度大约在 $2\lambda_{ef}$、$4\lambda_{ef}$。

4. 馈口及介质参数对加热效率的影响

根据上述讨论，取 $\theta=140°$，$H=330$ mm，$d=370$ mm，$r=160$ mm，$l=90$ mm 进行仿真。由图 3-18 可知，经优化后，在 2.40～2.50 GHz 的范围内负载介质对微波吸收的平均功率为 96.7%，最高功率可达 99.0%。

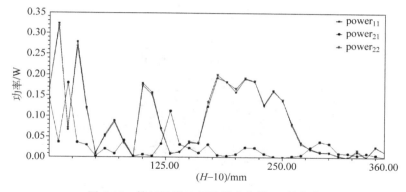

图 3-17　馈口及馈口间反射功率随 H 的变化

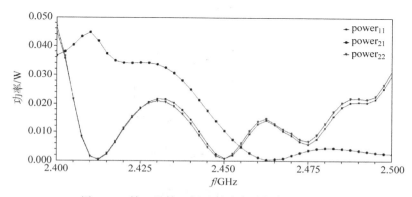

图 3-18　馈口及馈口间反射功率随频率 f 的变化

综合分析可得,在设计圆柱形微波加热器时,微波加热效率与馈口位置、馈口长度、内筒半径、内筒高度和负载厚度有关。两馈口间的夹角 θ 是初始角度的 2 倍时,反射功率出现极小值;当负载介质厚度为介质中有效波长的 2 倍和 4 倍时,馈口及馈口间的反射功率均较小。在建模仿真中,装载负载的内筒半径 135 mm $\leqslant r \leqslant$ 165 mm 时,馈口及馈口之间的反射功率几乎趋于零;馈口长度需取大于 30 mm 才能使其对仿真结果影响较小。基于上述结论,取优化后的各参数进行重新仿真。结果表明,经优化后的微波吸收效率在 2.40~2.50 GHz 范围内高达 99%。

脊形凹槽结构对微波反应器加热效率及均匀性的影响

3.3.1　模型及装置

在图 3-1 基本模型的腔体内壁四周设置外脊形凹槽,箱式炉模型如图 3-19 所示。定义脊形凹槽的脊高为 b,脊深为 d,外脊形凹槽模型如图 3-20 所示,计算得出脊形凹槽结构参数对微波吸收效率和加热均匀性的影响。

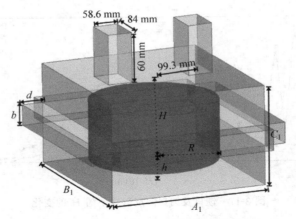

图 3-19　具有外脊形凹槽的箱式炉模型

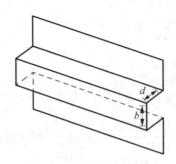

图 3-20　外脊形凹槽模型

3.3.2　凹槽结构参数对加热效率的影响

经过仿真计算,得到加热效率随凹槽结构参数 b 和 d 的变化情况如图 3-21 所示。计算结果显示,凹槽结构参数的变化对加热效率有影响。

(1) 当 $b \in (10, 200)$ mm、$d \in (10, 200)$ mm 时,平均加热效率和最高加热效率分别为 91.87%、98.75%,与腔壁光滑时相比,加热效率变化幅度分别为 -1.8%、5.54%。最优加热效率集中出现在图 3-21(b)中标注的 A 区域和 B 区域。

(2) 当 $b \in (80, 120)$ mm、$d \in (40, 90)$ mm 时,在图 3-21(b)中标注的 A 区域,反应腔的平均加热效率和最高加热效率分别为 95.17%、98.25%,与腔壁光滑时相比,加热效率变化幅度分别为 1.71%、5.01%,加热效率最优值出现在直线 $d = 50$ mm 附近。此计算区间内腔体体积增加量(ΔV)与腔壁光滑时腔体体积(V)的比例为 20%~40%。

(3) 当 $b \in (90, 150)$ mm、$d \in (110, 160)$ mm 时,在图 3-21(b)中标注的 B 区域,反应腔的平均加热效率和最高加热效率分别为 94.52%、98.75%,与腔壁光滑时相比,加热效率变化幅度分别为 1.02%、5.54%。加热效率最优值出现在直线 $b + d = 250$ mm 附近。此计算区间内腔体体积增加量(ΔV)与腔壁光滑时腔体体积(V)的比例为 60%~80%。

(4) 综合分析可知,当脊型凹槽的脊高(b)和脊深(d)与反应器腔体结构参数 A_1、B_1、C_1 呈如下关系时能获得较优的加热效率。即当 $b = 2d$、$b \in (A_1(B_1) \times 0.2, A_1(B_1) \times 0.3)$、$b = C_1 \times 0.4$(区域 A)和 $b = d$、$b \in (A_1(B_1) \times 0.3, A_1(B_1) \times 0.4)$、$b = C_1 \times 0.5$(区域

B)时,能获得较好的加热效率。在设计高加热效率的微波反应器腔体时,可选取此范围内的相应参数。

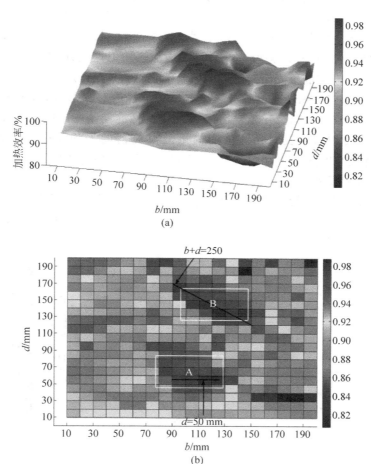

图 3-21　凹槽结构参数和对加热效率的影响

（a）侧视图；（b）俯视图

3.3.3　凹槽结构参数对加热均匀性的影响

为分析凹槽参数对加热均匀性的影响,在加热介质内部选取了 5×10^5 个均匀分布的电场采样点。经仿真计算,获得所有采样点一个振荡周期内的平均场强后,利用式(3-4)求得加热介质内部电场分布的标准偏差 α,标准偏差越小,则电场分布的均匀性越好,进而知加热的均匀性越好。通过变化脊型凹槽参数 b 和 d,进行 400 次仿真计算,获得了电场分布的标准偏差随凹槽参数的变化情况如图 3-22 所示。计算结果表明:

（1）当 $b \in (10,200)$ mm、$d \in (10,200)$ mm 时,电场分布标准偏差的平均值、最小值分别为 52.5、23.8,与腔壁光滑时的标准偏差(57.11)相比,变化幅度分别为 -8.08%、-58.33%,表明在计算区间内,微波反应器的平均均匀性提升幅度为 8.08%、均匀性最大提升幅度为 58.33%。电场分布标准偏差的较小值集中出现在图 3-22(b)中标注的 $d=50$ mm、$d=b+10$ mm 直线附近和 C、D 区域。

（2）当 $d \in (10,60)$ mm 时，即在图 3-22(b)中标注的 C 区域内，电场分布标准偏差的平均值、最小值分别为 48.5、24.25，与腔壁光滑时的标准偏差（57.11）相比，变化幅度分别为 -15.07%、-57.54%，表明在此区间内微波反应器的平均加热均匀性提升幅度为 15.07%、均匀性最大提升幅度为 57.54%。当 $d=50$ mm 时，无论 b 取何值，电场分布标准偏差都小于腔壁光滑时的标准偏差（57.11），平均加热均匀性提升 25.94%。此时，区间内腔体体积增加量（ΔV）与腔壁光滑时腔体体积（V）的比例小于 15%。

（3）当 $b \in (10,110)$ mm 时，即在图 3-22(b)中标注的 D 区域内，电场分布标准偏差的平均值、最小值分别为 50.14、29.52，与腔壁光滑时的标准偏差（57.11）相比，变化幅度分别为 -12.20%、-48.31%，表明在此区间内微波反应器的平均加热均匀性提升幅度为 12.20%、均匀性最大提升幅度为 48.31%。此时，区间内腔体体积增加量（ΔV）与腔壁光滑时腔体体积（V）的比例小于 30%。

（4）综合分析可知，当脊型凹槽的脊高（b）和脊深（d）满足下列条件时，能获得较好的加热均匀性。①$d<60$ mm（区域 C），即 $d<A_1(B_1)\times 0.15$。②$b<110$ mm（区域 D），即 $b<A_1(B_1)\times 0.25$。③$\Delta V/V<15\%$。

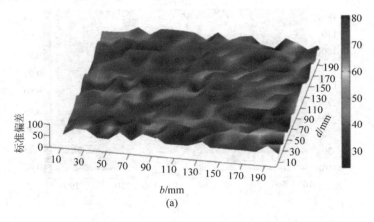

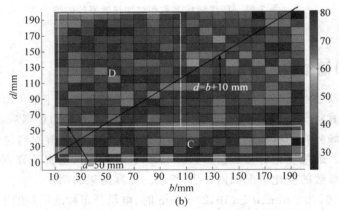

图 3-22　凹槽结构参数 b 和 d 对加热均匀性的影响

(a) 侧视图；(b) 俯视图

3.3.4　凹槽结构参数对加热效率和均匀性的综合影响

为综合评价凹槽结构参数 b 和 d 对加热效率和均匀性的影响,以便为不同需求的微波反应器设计提供依据,引入 3.1.4 节所述归一化权重公式进行分析。当权重因子 c 取 0.7 时,表明在考虑加热效果时,加热效率占 70％,加热均匀性占 30％,此时,综合影响的结果见图 3-23。结果显示,在区域 E 内($b \in (10, 130)$ mm),加热效率和加热均匀性的综合变化幅度呈现为正值(> 0),说明能获得比光滑腔时更为理想的综合加热效果,最优加热效能所对应的参数 b 和 d 出现在图 3-23 中标注的 A 区域($b \in (80, 120)$ mm、$d \in (40, 90)$ mm)和 B 区域($b \in (90, 150)$ mm、$d \in (110, 160)$ mm)。

综合分析可得,在微波反应器腔体内壁上设置脊型凹槽结构能影响其加热效率和均匀性,仿真计算结果表明:

(1) 在反应器腔体内壁上设置脊型凹槽后,加热效率最大值可达到 98.75％,加热均匀性最大提升幅度为 57.54％。

(2) 不同的凹槽结构参数能影响微波加热效率,加热效率较大值集中出现在两个区域内:①满足 $b = 2d$、$b \approx A_1(B_1) \times 0.25$、$b = C_1 \times 0.4$ 和 $\Delta V/V \approx 0.3$ 的区域内,在 $d = 50$ mm 附近出现加热效率最大值。②满足 $b = d$、$b \approx A_1(B_1) \times 0.35$、$b = C_1 \times 0.5$ 和 $\Delta V/V \approx 0.7$ 的区域内,在 $b + d = 250$ mm 附近出现加热效率最大值。

(3) 不同的凹槽结构参数能影响微波加热均匀性,当 $d < A_1(B_1) \times 0.15$($\Delta V/V < 0.15$)和 $d < A_1(B_1) \times 0.25$($\Delta V/V < 0.3$)时,均能获得相对较小的电场分布标准偏差值,即加热均匀性得到提升。

(4) 在微波反应器腔体设计时,选取对应的脊型凹槽结构参数能同时提升加热效率和加热均匀性,取得预期的加热效果。

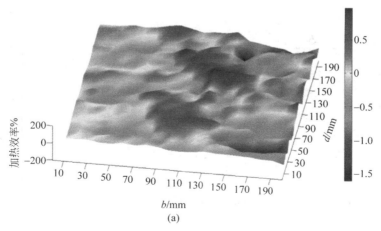

图 3-23　凹槽参数对加热效率和均匀性的综合影响($c = 0.7$)

(a) 侧视图;(b) 俯视图

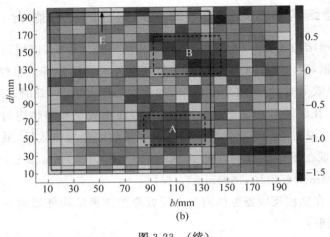

图 3-23 （续）

3.4 凸球面结构对微波反应器加热效率及均匀性的影响

3.4.1 模型及装置

在图 3-1 基本模型的内腔壁四周设置内凸球面,如图 3-24 所示。定义凸球面的半径为 b,凸球面顶点与腔壁的垂直距离为 k,内凸球面模型如图 3-25 所示,计算得出凸球面空间形态及参数对微波吸收效率和加热均匀性的影响。

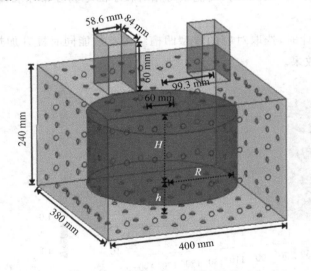

图 3-24 具有内凸球面的箱式炉模型

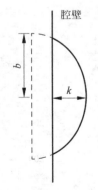

图 3-25 凸球面模型

3.4.2 凸球面结构参数对加热效率的影响

经过仿真计算,可得加热效率随凸球面参数 b 和 k 的变化情况,如图 3-26 所示。计算结果显示,凸球面结构参数的变化对加热效率的影响如下:

（1）当 $k \in (0,10)$ mm，$b \in (1,20)$ mm 时，加热效率均保持在 $93\% \sim 94\%$ 之间，且随 b 和 k 的增大而缓慢减小，但减小幅度不超过 1%。究其原因，是因为当 $k \in (0,10)$ mm 时凸球面变化对加热腔体体积的影响非常小（图 3-27），由微扰理论可知，对腔体内场分布影响自然微弱。

（2）当 $k \in (10,20)$ mm，$b \in (10,20)$ mm 时，加热效率出现大幅度类周期振荡，其中出现了 3 个极小值，且其所对应的 k 值分别为 10、15、20 mm；出现了 2 个极大值，其所对应的 k 值分别为 12 mm 和 17 mm。分析得知，无论是加热效率的极大值还是极小值，均以 5 mm 为间隔周期出现，在此期间，最低加热效率仅为 87%，出现在 $k=15$ mm 附近，而最高加热效率则达到 97.4%，出现在 $k=17$ mm 附近。究其原因，是因为当 $k \in (10,20)$ mm 时凸球面变化对加热腔体体积的影响急剧增大，因此对腔体内场分布影响变大。

（3）当 $k \in (0,10)$ mm 时，b 值的变化对加热效率的影响非常小，基本保持在 1% 的范围内；但当 $k \in (10,20)$ mm 时，b 值的变化对加热效率的影响稍大，达到了 5% 左右。究其原因，是因为当 $k \in (10,20)$ mm 时，b 值的变化对加热腔体体积的影响相对较大，因此对腔体内场分布影响变大。

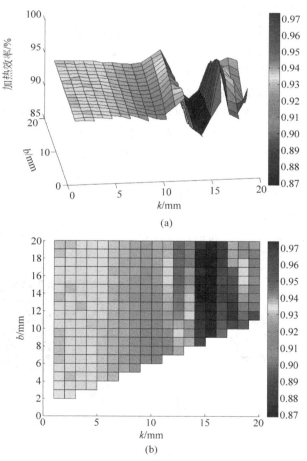

图 3-26 凸球面参数对加热效率的影响

（a）侧视图；（b）俯视图

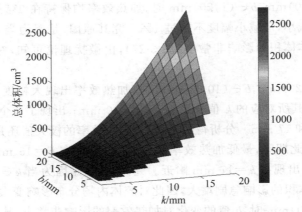

图 3-27　体积减小量随凸球面参数的变化

3.4.3　凸球面结构参数对加热均匀性的影响

为了分析凸球面参数对加热均匀性的影响,在加热介质内部选取了 5×10^5 个均匀分布的电场采样点。经仿真计算获得所有采样点一个振荡周期内的平均场强后,利用式(3-4)求得加热介质内部电场分布的标准偏差 α,标准偏差越小,则电场分布的均匀性越好,进而知加热的均匀性越好。通过变化凸球面参数 k 和 b,进行近 500 次的仿真计算,获得了电场分布的标准偏差随凸球面参数的变化情况,如图 3-28 所示。结果表明:

(1) 当 $k=11$ mm, $b\in(6,20)$ mm 时,电场分布的标准偏差平均值为 53.28,比腔壁光滑时的标准偏差(56.45)和凸球面参数变换区间内($b\in(1,20)$ mm, $k\in(1,20)$ mm)的整体标准偏差平均值(58.53)都小,表明在 $k=11$ mm 附近,无论 b 取何值,均能获得较好的加热均匀性。

(2) 在 $k<10$ mm 范围内,在 4 条直线 $b=k+2,5,10,13$ 附近时(如图 3-28 中直线所示),呈现出较好的加热均匀性。

(3) 当 $k>15$ mm 时,电场分布的标准偏差 α 急剧增大,导致加热均匀性也急剧下降。

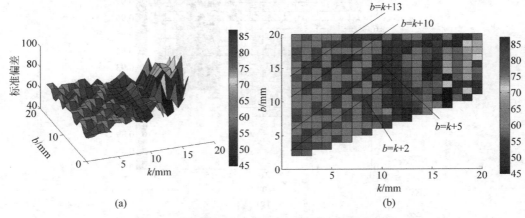

(a)　　　　　　　　　　　　　　　(b)

图 3-28　电场分布的标准偏差随凸球面参数的变化

(a) 侧视图; (b) 俯视图

3.4.4　凸球面结构参数对加热效率和均匀性的综合影响

为综合评价凹槽结构参数 b 和 d 对加热效率和均匀性的影响,以便为不同需求的微波反应器设计提供依据,引入归一化权重公式(式 3-5)进行分析。当权重因子 c 取 0.7 时,表明在考虑加热效果时,加热效率占 70%,加热均匀性占 30%,此时,综合影响的结果见图 3-29。结果显示,在 $k=11$ mm 附近,无论 b 取何值,均能获得较好的加热效率和均匀性。

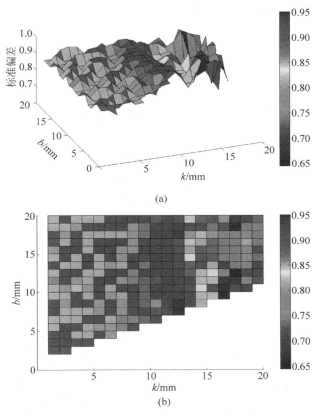

图 3-29　凸球面参数对加热效率和均匀性的综合影响($c=0.7$)

(a) 侧视图;(b) 俯视图

综合分析可得,微波反应器腔体内壁结构将影响其加热效率和均匀性,在腔体内壁上设置凸球面可以影响其加热效率和加热均匀性。仿真计算结果表明:

(1) k 值的变化对加热效率的影响表现为准周期变化,极大值出现在 11、17 mm 处,b 的变化则对加热效率的影响不大。

(2) 在只考虑加热均匀性时,k 值的取值应在 11 mm 附近较好,在此前提下,b 的变化对加热效率的影响不大。

(3) k 取值在 11 mm 附近时,能在保证加热效率的前提下提升加热均匀性。

3.5　脊形凹槽结构参数对微波反应器加热效率及均匀性的影响

3.5.1　模型及装置

在图 3-1 基本模型的内腔壁四周设置半圆柱型凸槽,如图 3-30 所示。定义半圆柱型凸槽的底面半径为 r,圆心到腔壁的垂直距离为 d,半圆柱型凸槽模型如 3-31 所示。在基本模型的基础上设置 2 个凸槽均匀分布于每侧内腔体壁上,如图 3-32 所示。计算得出凸槽结构参数对微波吸收效率和加热均匀性的影响。

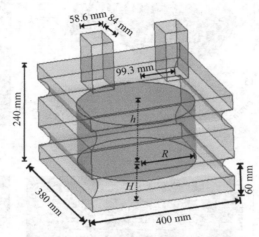

图 3-30　半圆柱型凸槽的箱式炉模型

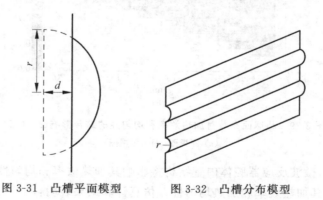

图 3-31　凸槽平面模型　　　　　图 3-32　凸槽分布模型

3.5.2　凸槽结构参数对微波加热效率的影响

1. 凸槽参数 r 对微波加热效率的影响

为了分析加热效率随凸槽参数 r 的变化情况,选取 $r \in (0, 40)$ mm 进行仿真计算,如图 3-33 所示。计算结果表明,随着凸槽半径 r 的增大,加热效率呈上抛物线型趋势。其中,当 $r \in (0, 23)$ mm 时,加热效率呈上升趋势。当 $r \in (0, 25)$ mm 时,加热效率高于腔壁光滑时的加热效率,平均加热效率为 94.88%,与腔壁光滑时相比提升 1.4%,其中加热效率最大值为 98.82%、提升幅度为 3.47%。当 $r \in (23,40)$ mm 时,加热效率呈下降趋势,$r > 25$ mm 时效率开始低于腔壁光滑时;当 $r > 40$ mm 时,凸槽与加载介质相交。

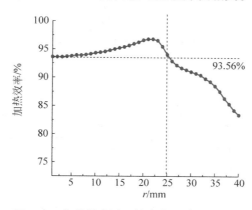

图 3-33　加热效率随凸槽参数 r 的变化情况

2. 凸槽参数 r 和 d 对微波加热效率的影响

为了分析凸槽参数 r 和 d 对加热效率的影响,选取 $r \in (5,40)$ mm 和 $d \in (0,(r-1))$ mm 进行仿真计算,结果如图 3-34 所示,分析可得:

(1) 在 r 和 d 取值范围内,即当 $r \in (5,40)$ mm 和 $d \in (0,(r-1))$ mm 时,加热效率呈规律性变化,存在加热效率较高的区间性区域。在计算区间内,平均加热效率为 94.12%,与腔壁光滑时相比提升 0.6%。加热效率的最大值为 98.53%,与腔壁光滑时相比提升 5.3%。

(2) 当 $r \in (5,20)$ mm 时,在 d 取值范围内,加热效率都高于腔壁光滑时,平均加热效率提升 1%,加热效率最大值均出现在 $d = 0$ mm 处。当 r 不变时,随着 d 的增大,加热效率呈下降趋势。当 d 不变时,随着 r 的增大,加热效率呈上升趋势。究其原因,是因为凸槽结构参数 r 和 d 的变化对加热腔体的体积产生了影响,对照图 3-35 综合分析可得,加热效率变化趋势与腔内体积的减少量成正比关系。

(3) 当 $r \in (25,40)$ mm 时,在 d 的取值范围内,加热效率出现大幅度周期振荡,效率最高时达到 98.53%,比腔壁光滑时提升 5.3%。当 $d = 0$ mm 时,出现加热效率极小值。当 d 值分别为 0、6、12、18 mm 时,加热效率开始高于腔壁光滑时(图 3-34 中标注○的位置),分析可得此时 r 和 d 的关系为 $d = 6/(5(r-25))$。当 d 值分别为 6、12、18、24 mm 时,加热效率出现极大值(图 3-34 中标注□的位置),分析可得此时 r 和 d 的关系为 $d = 6/(5 \times (r-20))$。

(4) 为了研究腔内体积减小量与加热效率的关系,计算了 r 和 d 取值范围所对应腔内体积减小量,如图 3-35 所示。综合分析可得,加热效率随腔内体积减小量与空腔体积的比例($\Delta v / v$)呈如下关系:当 $\Delta v / v \in (0, 19\%)$ 时,加热效率高于腔壁光滑时且呈上抛物线型分布,当 $\Delta v / v \approx 12\%$ 时出现加热效率极大值。当 $\Delta v / v > 19\%$ 时,加热效率开始低于腔壁光滑时。

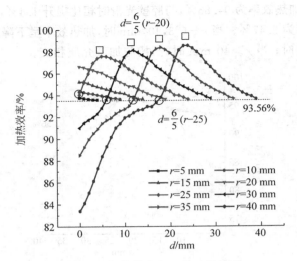

图 3-34　加热效率与 r 和 d 的关系

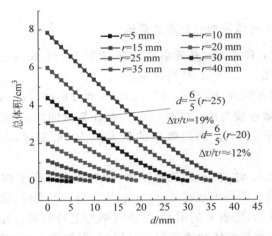

图 3-35　腔内体积减小量与 r 和 d 的关系

3.5.3　凸槽结构参数对加热均匀性的影响

1. 凸槽参数 r 对微波加热均匀性的影响

为了分析凸槽参数 r 对微波反应器加热均匀性的影响,在加热介质内部选取了 5×10^5 个均匀分布的电场采样点。经仿真计算获得所有采样点一个振荡周期内的平均场强后,求解加热介质内部电场分布的标准偏差 α,标准偏差越小,则电场分布的均匀性越好,进而可知加热的均匀性越好。通过改变凸槽参数 r 后进行仿真计算,得到电场分布的标准偏差随 r 的变化情况,如图 3-36 所示。计算结果表明,在 $r \in (0,40)$mm 区间内,加热均匀性呈周期性振荡,电场分布标准偏差的平均值和最小值分别为 38.88、24.96,与腔壁光滑时的标准偏差(57.11)相比,变化幅度分别为 -31.92%、-56.30%,即平均加热均匀性提升 31.92%、加热均匀性最大提升幅度为 56.30%。当 $r \in (4,17)$mm 和 $r \in (23,40)$mm 时,均能获得较小的电场分布标准偏差值。

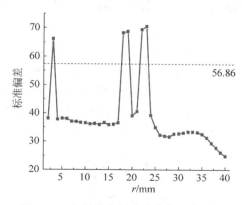

图 3-36　电场分布标准偏差与 r 的关系

2. 凸槽参数 r 和 d 对微波加热均匀性的影响

为了分析凸槽参数 r 和 d 对加热均匀性的影响,选取 $r \in (5, 40)$ mm 和 $d \in (0, (r-1))$ mm 进行计算,在加热介质内部选取了 5×10^5 个均匀分布的电场采样,经 170 次仿真计算,结果如图 3-37 所示,分析可得:

(1) 在 r 和 d 取值范围内,电场分布标准偏差的平均值和最小值分别为 45.05、26.2,与腔壁光滑时的标准偏差相比,变化幅度分别为 -21.11%、-54.12%,说明对应的加热均匀性提升幅度分别为 21.11%、54.12%。从整体上看,r 和 d 的变化能得到较好的加热均匀性。

(2) 当 $d \in (0, 10)$ mm 时,$r \in (0, 20)$ mm 和 $r \in (30, 40)$ mm 时,能获得较小的电场标准偏差值,见图 3-37 中 A 区域和 B 区域。在 $d \in (0, 20)$ mm 区间内,d 从 0 开始,以 2.5 mm 为周期出现相对较小的电场标准偏差值。在 $d \in (21, (r-1))$ mm 区间内,当 $d > 28$ mm 时,能获得较小的电场标准偏差值。说明上述参数范围内能获得较好的微波加热均匀性。

(3) 当 $r \leqslant 20$ mm,电场标准偏差值相对较小。当 $r = 15$ mm 时,无论 d 取何值,均能获得较小的电场标准偏差值。说明此时能获得较好的微波加热均匀性。

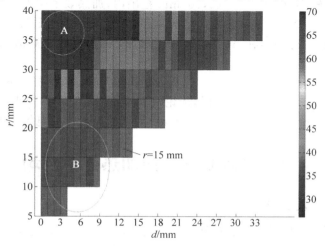

图 3-37　电场分布标准偏差值与 r 和 d 的关系

3.5.4 凸槽结构参数对加热效能的综合影响评价

为综合评价凸槽结构参数 r 和 d 对加热效率和均匀性的影响,以便为不同需求的微波反应器设计提供依据,引入归一化权重公式(式3-5)进行分析。当权重因子 c 取 0.7 时,表明在考虑加热效果时,加热效率占 70%,加热均匀性占 30%,此时,综合影响的结果见图3-38。计算结果表明,除区域 A 外,在其余的 r 和 d 取值范围内,加热效率和加热均匀性的综合变化幅度大于 0,说明能获得与比光滑腔时更为理想的综合加热效果,最优加热效能所对应的参数 r 和 d 出现在图3-38中标注的直线 $d=6/(5(r-20))$ 附近。

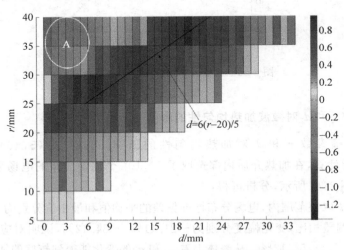

图 3-38　r 和 d 对效率和均匀性的综合影响($c=0.7$)

综合分析可得,不同的微波反应器腔体壁结构将影响其加热效率和均匀性,在反应器腔体内壁上设置凸槽结构装置后,仿真计算结果表明:

(1)凸槽结构能有效提升微波反应器的加热效率和加热均匀性,与腔壁光滑时相比,在腔体内壁放置凸槽后加热效率最大值达到 98.53%、提升幅度为 3.47%,电场分布标准偏差的最小值为 26.2,均匀性提升幅度为 54.12%。

(2)当 r 取值较小时,即在 $r \in (5,20)$ mm 范围内,加热效率高于腔壁光滑时,且其变化趋势与腔内体积的减少量成正比关系。当 r 取值较大时,即在 $r \in (25,40)$ mm 范围内,加热效率为上抛物线变化趋势,在 $\Delta v/v=12\%$ 附近加热效率达到最高值,$\Delta v/v>19\%$ 后加热效率低于腔壁光滑时。

(3)当 d 取值较小时,即在 $d \in (0,20)$ mm 范围内,电场强度标准偏差的极小值随 d 以 2.5 mm 为周期出现。当 $r=15$ mm 时,无论 d 取何值,均能获得较小的电场标准偏差值。在 $d \in (21,(r-1))$ mm 范围内,当 $d>28$ mm 时,能获得较小的电场标准偏差值。

3.6 凹弧面内筒壁对微波反应器加热效率及均匀性的影响

3.6.1 模型及方法

采用图3-2所示圆柱形微波加热器模型研究凹弧面内筒壁对微波反应器加热效率及均匀性的影响,其中 $H=330$ mm、$d=370$ mm、$\theta=140°$、$l=90$ mm,所加负载介质为粉煤灰

$(\varepsilon'=2.5, \tan\delta=0.025)$。

电场分布取样方法为：在微波腔内沿 Z 方向取 11 个平面：i、ii、iii、iv、v、vi、vii、viii、ix、x、xi，距离微波炉底部分别为 140、173、206、239、272、305、338、371、404、437、470 mm。通过求解平面上一系列位置的电场强度来研究微波腔内电磁场分布的均匀性，如图 3-39 所示。

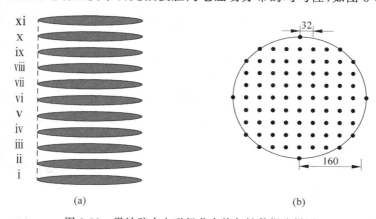

(a)　　　　　　　　　　(b)

图 3-39　微波腔内电磁场分布均匀性数据取样图

(a) 微波腔内选取的 11 个平面分布图；(b) 平面内场强计算点的分布(mm)

3.6.2　凹弧面内筒壁对微波加热效率的影响

1. 光滑内筒壁

内筒壁为光滑结构如图 3-40 所示。当光滑内筒中加入负载粉煤灰时，图 3-41 为 2.40～2.50 GHz 频段范围内馈口及馈口间的反射功率。由式(3-3)可知，在 2.40～2.50 GHz 范围内，负载介质对微波吸收的平均效率为 95.0%。

图 3-42 分别表示其中 6 个平面内电场强度的分布图。由图 3-42 可见，在微波腔内电磁场的分布很不均匀。另由表 3-1 可知，在平面 i 内，不同位置点的电场强度值差异很大，较大的电场强度值是较弱

图 3-40　光滑内筒结构

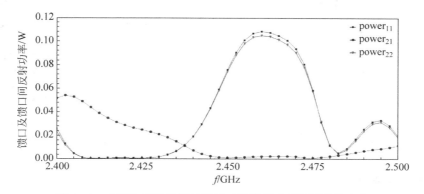

图 3-41　内筒为光滑时馈口及馈口间反射功率随频率的变化

处的 8 倍。为了改善该微波腔内电磁场分布的不均匀性,提出将加热腔的内筒壁加工成凹弧面的结构,利用凹弧面对微波多个方向反射的特点从而改善电磁场分布的均匀性。

表 3-1 平面 i 内不同位置的电场强度

位　　置	坐　　标	电场强度/(V/m)
A	(−96,96,140)	21.42
B	(−96,64,140)	26.33
C	(−128,64,140)	26.60
D	(0,160,140)	154.22
E	(160,0,140)	161.90
F	(−160,0,140)	172.48

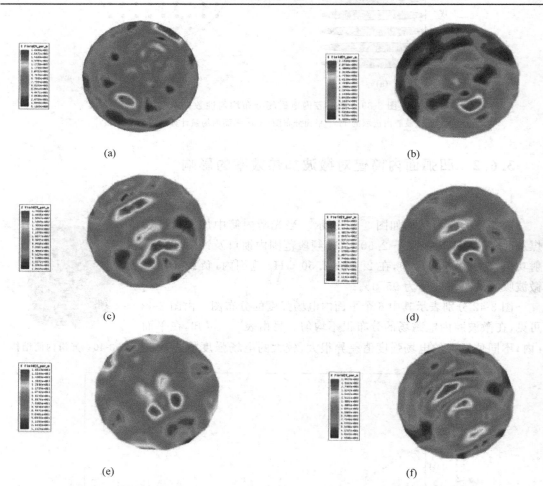

(a)　(b)　(c)　(d)　(e)　(f)

图 3-42　微波腔内平面 i(a)、ii(b)、iii(c)、iv(d)、v(e)、vi(f)的电场分布云层图

2. 凹弧面内筒壁

为利用电磁波的漫反射提高加热均匀性,特将玻璃内筒壁加工为凹弧面结构,如图 3-43 所示。

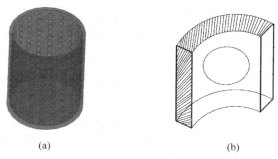

图 3-43 内筒壁为凹弧面的结构

(a) 带凹弧面结构的内筒图;(b) 凹弧面的局部放大立体图

当取凹弧面的半径 $r=12$ mm 时,凹弧面内筒中加载粉煤灰时反射功率随频率(2.40~2.50 GHz)的变化见图 3-44。由图 3-44 可见,内筒壁加工为带凹弧面结构时,在 2.40~2.50 GHz 范围内负载介质对微波吸收的平均效率为 97%。

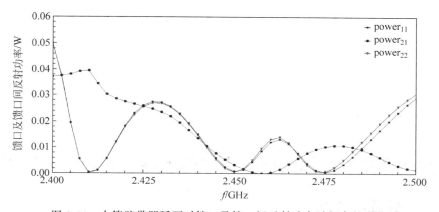

图 3-44 内筒壁带凹弧面时馈口及馈口间反射功率随频率的变化

3.6.3 凹弧面内筒壁对微波加热均匀性的影响

微波加热效率及均匀性随凹弧面半径 r 的变化如图 3-45 所示。由图 3-45 可知,当凹弧面半径 $r=6$、12 mm 时,微波加热均匀性的提升出现极大值,与内筒壁厚度 15 mm 比较可得,出现极大值的凹弧面半径为内筒壁厚度的 2/5、4/5。当 $r=12$ mm 时,微波加热效率及均匀性的提升最大。

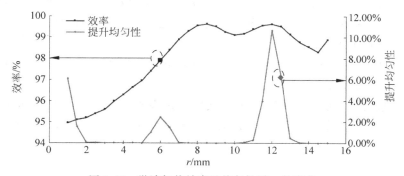

图 3-45 微波加热效率及均匀性随 r 的变化

各平面的电场分布均匀性对比见表 3-2。其中 σ_p 表示平面 i～xi 的电场分布均匀性，σ_s 表示负载内的整体电场分布均匀性。综合分析可得，①相比光滑内筒结构，在不牺牲加热效率的前提下，凹弧面内筒壁结构能整体提升加热均匀性 10.7％，对平面电场分布均匀性的改善最高则可达 25.8％；②当凹弧面半径为内筒壁厚度的 2/5、4/5 时，微波加热均匀性提升出现极大值。

表 3-2　平面 i～xi 内内筒壁为光滑和凹弧面时电场分布均匀性

平面位置	光滑内筒壁		凹弧面内筒壁	
	σ_p	σ_s	σ_p	σ_s
i	33.45		29.93	
ii	33.85		32.72	
iii	28.57		29.03	
iv	32.96		30.47	
v	25.06		23.42	
vi	41.17	32.50	32.82	29.01
vii	30.12		26.10	
viii	31.72		30.09	
ix	28.02		26.08	
x	28.66		28.57	
xi	32.76		24.30	

3.7　圆柱形光子晶体微波反应腔的加热效率和均匀性研究

3.7.1　模型及理论

单馈口圆柱形光子晶体微波反应腔模型见图 3-46 和图 3-47，是在传统圆柱形微波反应腔（图 3-2）的边缘位置放置三圈小圆柱构成，小圆柱和空气的交错排布则构成光子晶体结构，馈口位于腔体顶部。

在图 3-46 和图 3-47 中，内筒为高温陶瓷材料（$\varepsilon=5$），小圆柱为铜，负载为粉煤灰（$\varepsilon=2.5$，$\tan\delta=0.025$），反应腔体半径 $R=270$ mm，高度 $H=660$ mm，内筒外半径 $R_1=130$ mm，内筒壁厚度为 10 mm，内筒高 $H_1=390$ mm，内筒距离反应腔底面 130 mm，负载半径 $R_2=120$ mm，负载高度 $H_2=330$ mm，小圆柱半径为 r，间距角 $\theta=8°$，最外圈小圆柱中心与腔体的径向距离为（$r+8$）mm，相邻圈与圈之间的径向距离均为 L，馈口尺寸 l、w 和 h 分别为 84 mm、58.6 mm 和 90 mm。

对于双馈口微波反应腔，除了将馈口数量增加到两个以外其他参数均与单馈口微波反应腔相同，如图 3-48 所示。

利用高频电磁仿真软件 HFSS 求解本文模型边界条件下非齐次亥姆赫兹方程即可获得反应腔内的电磁场分布，进而求出馈口的 s 参数和反射功率 P。于是，反应腔的加热效率可表示为单馈口反应腔：

$$\eta = \frac{1}{P_T}(P_T - P_{11}) \tag{3-6}$$

多馈口反应腔：

$$\eta = \frac{1}{P_T}\left[P_T - \sum_{n=1}^{N} P_{nn} - \sum_{\substack{n=1 \\ m=1 \\ n \neq m}}^{N} P_{nm}\right] \tag{3-7}$$

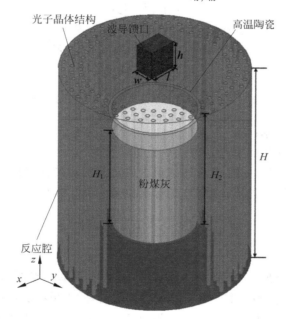

图 3-46　单馈口圆柱形光子晶体微波反应腔

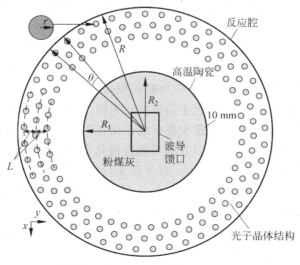

图 3-47　单馈口圆柱形光子晶体微波反应腔的俯视图

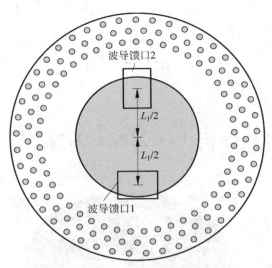

图 3-48 双馈口光子晶体微波反应腔俯视图

式中，P_T 为总的馈入功率；P_{11} 为馈口 1 自身的反射功率；P_{nn} 为馈口 n 自身的反射功率；P_{nm} 为从馈口 m 耦合到馈口 n 的功率；N 为馈口总数。

微波加热的均匀性在一定程度上可以由电场分布的均匀性来评价，电场分布的均匀性则可以通过电场分布图和电场分布取样的标准偏差衡量。标准偏差可表示为

$$\alpha = \sqrt{\dfrac{\sum\limits_{i=1}^{k}(E_i - \overline{E})^2}{k-1}} \tag{3-8}$$

式中，E_i 为电场在 i 点经历一个周期的平均值；k 为电场取样点的总数量；$\overline{E}$ 为所有取样点 E_i 的平均值。α 越小，意味着电场分布的均匀性越好，则微波加热均匀性也越好。

电场采样时，以加热腔体底部为起点，沿负载轴向竖直向上，在 $140\sim437$ mm 范围内间隔 11 mm 的共计 28 个平面上采样，且每个平面上的采样点坐标间隔为 4 mm。

无界空间中的无限周期排布光子晶体对电磁波的布拉格散射特性已在文献[178]中阐明。然而，把光子晶体引入常规圆柱形微波反应腔中后，光子晶体的无限周期性和它所处的无界空间将不复存在，其对电磁场的散射特性也将不同于无界空间中的无限周期排布的光子晶体。因此，从电磁场的边界条件出发，简要阐述圆柱形微波反应腔中的光子晶体对电磁场的反射/散射特性，以及最终对反应腔中电磁场模式分布的定性影响。

微波反应腔壁为铝材料，圆柱形光子晶体单元为铜材料，两者均可近似利用良导体边界分析。当加载物料时，虽然微波反应腔中将可能存在 TE、TM 和混合模，但当考虑光子晶体单元表面对电磁场的反射时，依然可以分解为垂直极化平面波和平行极化平面波两种入射波进行分析，分别如图 3-49(a)、(b)所示。对于图 3-49(a)中的垂直极化平面波，铜柱的延伸方向和电场方向一致，铜柱表面对电磁波的反射类似于入射到理想导体表面的反射情况[179]，即每根铜柱均能把入射到表面的垂直极化平面波反射出去，所有铜柱以及腔壁的共同反射对散射场均有贡献。由于铜柱的周期性排布，在特定角度对电磁波反射的叠加，将产生布拉格散射特性。对于图 3-49(b)中的垂直极化平面波，铜柱的延伸方向与电场方向垂

直,铜柱表面仅反射极少量电磁波(如 L_2 所示),即主要由腔壁的反射(如 L_4 所示)构成散射场。因此,适当的选择光子晶体参数,可改变垂直极化波的反射情况,从而在微波反应腔中获得不同的电磁场模式分布。

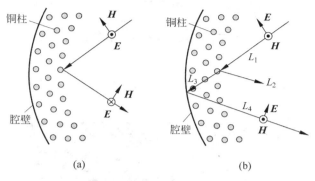

图 3-49　平面波入射示意图

(a) 垂直极化平面波入射；(b) 平行极化平面波入射

综上所述,微波反应腔中的电磁场模式分布受腔壁和铜柱的共同反射/散射影响,研究铜柱所构成的光子晶体参数对场分布的影响规律,可以为光子晶体微波反应腔设计提供理论指导。

3.7.2　光子晶体结构对单馈口腔体加热效能的影响

1. 光子晶体结构对单馈口腔体加热效率的影响

在当前设计的光子晶体微波反应腔中,考虑选取参数范围能够反映出加热效能的变化趋势并且遵循在改变结构参数过程中圆柱单元不重合原则,在 $L \in [12,40]$ mm、$r \in [4,10]$ mm 范围内选取光子晶体结构参数进行仿真计算,获得加热效率随 r 和 L 的变化情况如图 3-50 所示。计算结果显示:

(1) 当 $L \in [12,40]$ mm、$r \in [4,10]$ mm 时,单馈口光子晶体微波反应腔的平均加热效率和最大加热效率分别可达 86.01%、99.49%,远大于同尺寸常规微波反应腔的加热效率(计算值为 71.46%)。

(2) 当光子晶体结构参数 r 和 L 满足 $r+L=32$ mm(图中直线 a)时,加热效率出现极小值;当光子晶体结构参数 r 和 L 介于 $r+L=29$ mm(图中直线 c)和 $r+L=36$ mm(图中直线 b)之间时,加热效率值较低,几乎都在 80% 以下;当光子晶体结构参数 r 和 L 满足 $r+L>43$ mm(图中区域 A)或 $r+L<29$ mm(图中区域 B)时,可以获得较高的加热效率(最低90% 以上)。

2. 光子晶体结构对单馈口腔体加热均匀性的影响

同样选取光子晶体结构参数 $L \in [12,40]$ mm、$r \in [4,10]$ mm 进行仿真计算,并求出电场分布标准偏差的值,结果如图 3-51 所示。

计算结果表明:

(1) 加热均匀性最好的位置位于直线 $r+L=29$ mm(图中直线 c)和 $r+L=43$ mm(图中

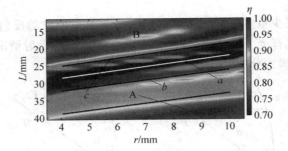

图 3-50　单馈口反应腔中加热效率与 r 和 L 的关系

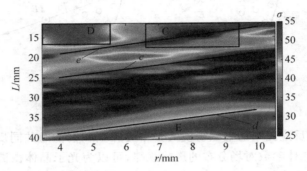

图 3-51　单馈口反应腔中加热均匀性与 r 和 L 的关系

直线 d)之间。对比可知,此区间具有很差的加热效率,因此该位置的综合加热效能并非最优。

(2) 当 $L\in[12,18]$ mm、$r\in[7,9]$ mm(图中区域 C)时,不仅能获得较好的加热均匀性,而且加热效率也都高于 90%。区域 C 中电场分布标准偏差的最小值和平均值分别为 20.21、31.58,说明加热均匀性优于同尺寸常规微波反应腔的加热均匀性(计算值为 37.24)。当光子晶体结构参数 r 和 L 满足 $r+L=23$ mm(图中直线 e)时,也具有较好的加热效能。

(3) 当光子晶体结构参数 r 和 L 满足 $r+L>43$ mm(图中区域 E)和 $L\in[12,40]$ mm、$r\in[4,10]$ mm(图中区域 D)时,加热均匀性较差。

图 3-50 和图 3-51 显示,当 $r=8$ mm、$L=14$ mm 时,单馈口光子晶体反应腔能获得较高的加热效率和较好的加热均匀性。加热负载内 28 个取样平面上的电场分布标准偏差如图 3-52 中 L_2 所示。作为对比,也计算了同样尺寸,但未加载光子晶体的常规单馈口微波反应腔的平面电场分布标准偏差,如图 3-52 中 L_1 所示。

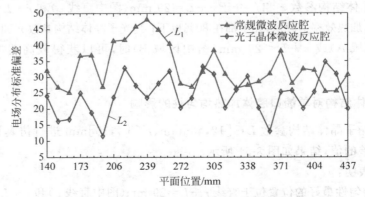

图 3-52　平面电场标准偏差趋势图

结果对比显示,与未加载光子晶体的常规微波反应腔比较,所设计的光子晶体微波反应腔的加热均匀性整体上均有提升,特别是在140～283 mm区间有较明显提升,最大提升幅度可达50.98%。

为了更直观地观察电场分布情况,表3-3给出了部分平面上的电场分布云图对比。结果显示,常规微波反应腔内存在着明显的局部极强电场分布,在加热过程中极易形成热点甚至引发热失控,而在光子晶体微波反应腔中,则基本不存在这样的情况,说明电场分布均匀性得到了提升。

表 3-3 部分平面的电场分布云图对比

位　　　置	常规微波反应腔	光子晶体微波反应腔
173 mm	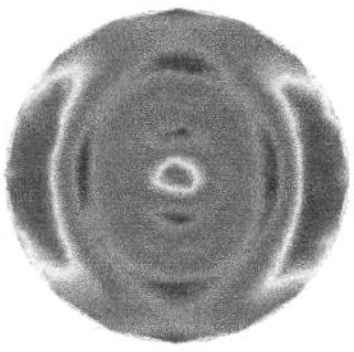	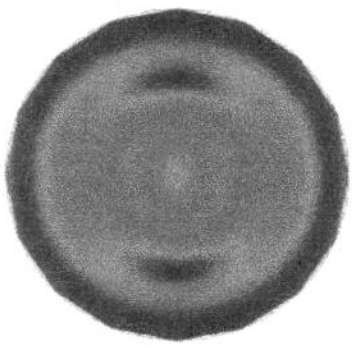
206 mm	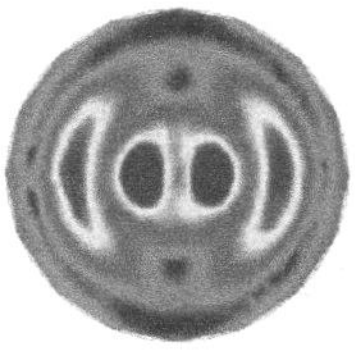	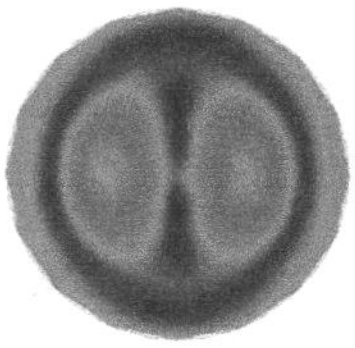
305 mm	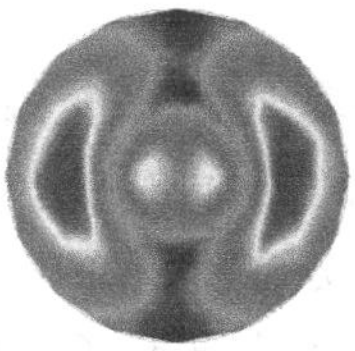	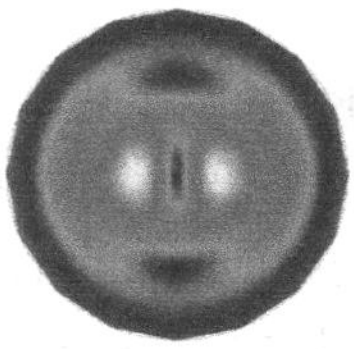
371 mm	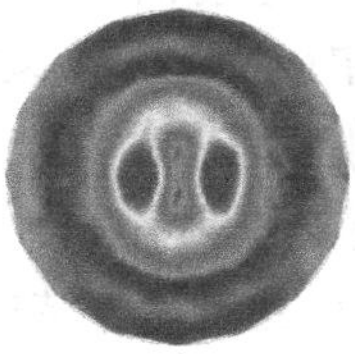	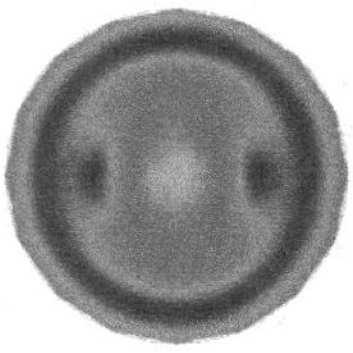
404 mm	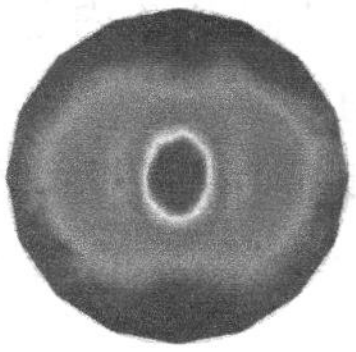	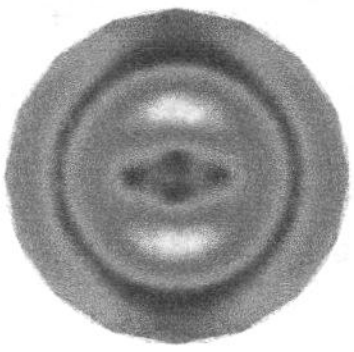

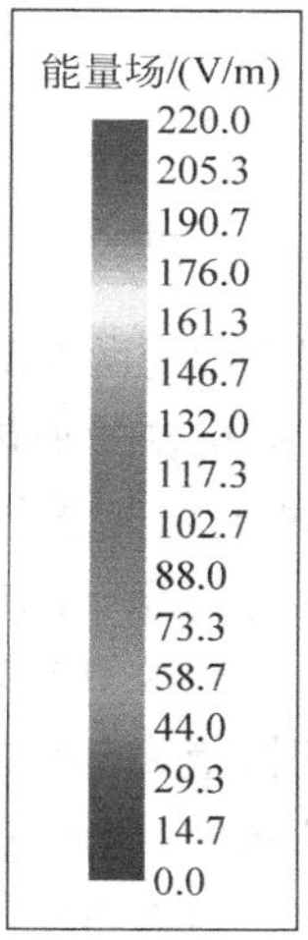

能量场/(V/m)
220.0
205.3
190.7
176.0
161.3
146.7
132.0
117.3
102.7
88.0
73.3
58.7
44.0
29.3
14.7
0.0

3. 光子晶体结构单馈口腔体的散射特性分析

对于上述计算结果,加热效能存在4种情况,第1种存在于常规微波反应腔中,此时不仅加热均匀性差,而且加热效率也较低;另外3种存在于光子晶体微波反应腔中,分别为加热效率高和加热均匀性好、加热效率高和加热均匀性差、加热效率差和加热均匀性好,对应这3种情况分别选取光子晶体结构参数 $r=8$ mm、$L=4$ mm；$r=10$ mm、$L=14$ mm；$r=7$ mm、$L=30$ mm 为例进行分析。图3-53为上述4种情况下距离腔体底部239 mm处平面电场矢量分布图。

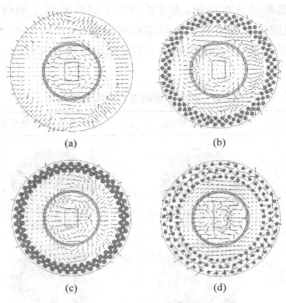

图 3-53　电场矢量分布图

(a) 常规反应腔；(b) $r=8$ mm、$L=14$ mm；(c) $r=10$ mm、$L=14$ mm；(d) $r=7$ mm、$L=30$ mm

对于常规微波反应腔，如图3-53(a)所示，其边界非常简单，因此场叠加的模式也较为简单，难以获得优良的加热效能。当加热效率与加热均匀性同时获得较好的效果时，如图3-53(b)所示，从电场矢量分布图中可以得到，此时，一部分电磁波经由最内层圆柱体反射，一部分电磁波透射到光子晶体结构中，经过多次反射后重新透射出来，即此时的光子晶体结构对反应腔内的电磁波具有较强的散射作用。当加热效率较高而加热均匀性较差时，如图3-53(c)所示，此时，绝大部分电磁波经由最内层圆柱体反射回腔体内，极少部分电磁波会透射到光子晶体结构内，即此时光子晶体结构对电磁波主要起反射作用而没有散射作用。当加热效率较差而加热均匀性较好时，如图3-53(d)所示，此时，光子晶体结构对电磁波既有反射也有透射作用，但是，透射进入光子晶体内的电磁波大部分被限制在内部，形成谐振。总结上述分析可以得到，当反应腔内的光子晶体结构对电磁波具有较强的散射作用时，将使得电磁波的反射变得更加复杂，反射波的复杂性也造成了叠加场的复杂性，使得腔体里的场分布更具有随机均衡性，这种更为复杂的场叠加模式，促进了加热物料与电磁波的相互作用，进而提升了加热效能。

4. 单馈口腔体中光子晶体缺陷的影响规律

如图3-54所示，去掉1～5根小圆柱，从而引入1～5个光子晶体线缺陷，其中 α 表示缺陷中心相对图3-54中竖直方向所构成的角度。

为说明光子晶体缺陷对加热情况的影响，选取 $L=24$ mm、$r=6$ mm，此时光子晶体微波反应腔的加热效率仅有75%左右。缺陷对加热效率的影响如图3-55所示，曲线1～5分别代表去掉1～5个小圆柱时加热效率随缺陷中心位置的变化情况。

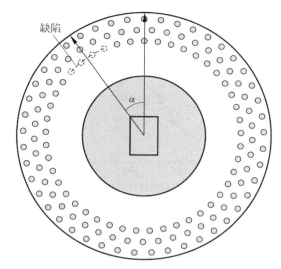

图 3-54　光子晶体缺陷位置示意图

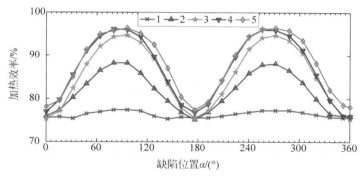

图 3-55　光子晶体缺陷位置对加热效率的影响

图 3-55 结果表明,加热效率随缺陷位置周期变化,当缺陷位于 90°和 270°时取得极大值,此时缺陷位置正对馈口长边,缺陷方向垂直于电场极化方向,由电磁场边界条件可知,缺陷对电磁场分布影响较大;当缺陷位于 180°和 0°(360°)时取得极小值,此时缺陷位置正对馈口短边,缺陷方向平行于电场极化方向,缺陷对电磁场分布影响较小。当缺陷个数小于 4 时,加热效率的极大值随缺陷数量的增加而增大;当缺陷个数大于 4 个时,加热效率的极大值趋于稳定,不再随缺陷数量的增加而增大。

缺陷位置及数量对加热均匀性的影响如图 3-56 所示。图 3-56 表明,当去掉 1 或 2 根圆柱体后,缺陷位置对加热均匀性的影响不大,此时电场分布标准偏差基本位于 33~35 之间;当去掉 3~5 根圆柱体后,电场分布标准偏差随缺陷位置而周期性变化,且变化趋势与加热效率相反,说明当加热效率取得极大值时,电场分布标准偏差取得极小值,即在单馈口光子晶体微波反应腔中缺陷结构能同时提升加热效率和加热均匀性。

图 3-57 所示为缺陷位于 0°和 96°时,距反应腔底面 305 mm 处电场矢量图。从图中可以得出,当缺陷位于平行于电极化方向的 0°时,对场分布的影响较小,缺陷结构对电磁波的散射作用几乎没有增强;当缺陷位于垂直于电极化方向的 96°时,在引入缺陷位置,散射作用获得了极大提升,此时,反应腔内的加热效率和均匀性可以同时获得提升。

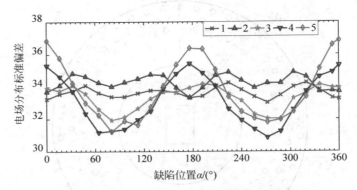

图 3-56 光子晶体缺陷位置对加热均匀性的影响

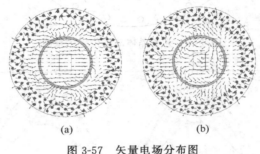

图 3-57 矢量电场分布图

(a) $\alpha=0°$；(b) $\alpha=96°$

3.7.3 光子晶体结构对双馈口腔体加热效能的影响

1. 馈口间距对双馈口腔体加热效率的影响

当 $L=24$ mm、$r=6$ mm 时，两馈口中心距离 L_1 对馈口及馈口间反射功率的影响如图 3-58 所示，其中 P_{11}、P_{22} 和 P_{21} 分别代表馈口 1、馈口 2 自身的反射功率和两馈口之间的耦合功率。

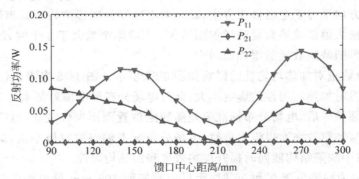

图 3-58 馈口及馈口间反射功率随馈口中心距离的变化

计算结果表明，两馈口之间的耦合功率始终趋于零，当两馈口中心距离在 200～230 mm 时，两馈口自身的反射功率最小，即获得最高的加热效率，最大值可达 98.7%。

2. 光子晶体结构对双馈口腔体加热效率的影响

为研究光子晶体结构对双馈口微波反应腔加热效率的影响,选取馈口中心距离 L_1 为 210 mm,光子晶体结构参数 $L \in [12, 40]$ mm、$r \in [4, 10]$ mm 进行仿真计算,获得了双馈口腔体中光子晶体结构参数 r 和 L 对加热效率的影响,如图 3-59 所示。

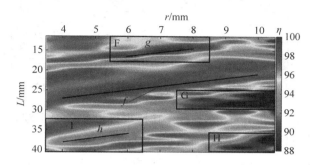

图 3-59 双馈口反应腔中加热效率与 r 和 L 的关系

计算结果表明:

(1) 当 $L \in [12, 40]$ mm、$r \in [4, 10]$ mm 时,平均加热效率和最高加热效率分别可达 95.31%、99.43%,相比于同尺寸常规双馈口微波反应腔(计算值为 93.04%),加热效率均有提升。当光子晶体参数 r 和 L 出现在直线 $r + L = 31$ mm(图中直线 f)附近时,加热效率值较高,加热效率的平均值可达 98.36%。

(2) 当 $L \in [12, 18]$ mm、$r \in [6, 8]$ mm 时(图中 F 区域),区域 F 中平均加热效率和最高加热效率也分别可达 95.66%、99.07%。其中,加热效率的最优值出现在直线 $r + L = 23$ mm(图中直线 g)附近。

(3) 当 $L \in [25, 30]$ mm、$r \in [8, 10]$ mm(图中 G 区域)和 $L \in [36, 40]$ mm、$r \in [9, 10]$ mm (图中 H 区域)时,加热效率相对较低,其平均加热效率分别为 90.61%、90.26%;另外,当 $L \in [36, 40]$ mm、$r \in [4, 6]$ mm(图中区域 I),光子晶体结构参数满足直线 $r + L = 42$ mm (图中直线 h)时,加热效率也相对偏低。

3. 光子晶体结构对双馈口腔体加热均匀性的影响

为研究光子晶体结构参数对于双馈口微波反应腔加热均匀性的影响,同样选取馈口中心距离 L_1 为 210 mm,$L \in [12, 40]$ mm、$r \in [4, 10]$ mm 进行仿真计算,得到电场分布的标准偏差值如图 3-60 所示。

计算结果显示:

(1) 当 $L \in [21, 40]$ mm、$r \in [4, 6]$ mm 时,电场分布标准偏差值较小,即获得较好的加热均匀性,平均值和最小值分别为 44.32、36.45,相比于同尺寸的常规双馈口微波反应腔(计算值为 46.53),加热均匀性提升幅度分别为 4.75%、21.66%。加热均匀性的最优位置则出现在直线 $r + L = 29$ mm(图中直线 i)附近。

(2) 当 $L \in [21, 28]$ mm、$r \in [6, 10]$ mm 时,光子晶体结构参数满足关系式 $r + L = 33$ mm (图中直线 j)时,也可以取得较好的加热均匀性;在 $r \in [4, 8]$ mm 区间内,当光子晶体结构

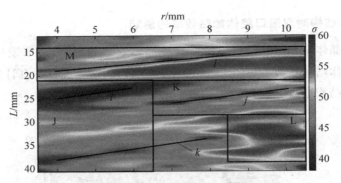

图 3-60　双馈口反应腔中加热均匀性与 r 和 L 的关系

参数满足关系式 $r+L=42$ mm（图中直线 k）时，也可以获得一个较好的加热均匀性，但通过图 3-60 发现，此时加热效率偏低，因此，加热效能并不算优越。

（3）当 $L\in[29,38]$ mm、$r\in[9,10]$ mm 时，电场分布标准偏差值较大，即此时的加热均匀性较差；当 $L\in[14,20]$ mm、$r\in[4,10]$ mm 时（图中的 M 区域），光子晶体结构参数满足 $(3r/2+L)>25$ mm 时，加热均匀性也较差。

综合分析可得，当光子晶体结构参数 r 和 L 位于直线 $r+L=29$ mm 附近时，可以获得最优的加热均匀性，并且加热效率保持在 96% 以上。

图 3-61 所示为常规双馈口微波反应腔和 $r=6$ mm、$L=23$ mm 情况下光子晶体微波反应腔的平面电场矢量图，绘制平面距腔体底面 239 mm。与单馈口情况下相似，常规反应腔反射叠加情况较为简单；当 $r=6$ mm、$L=23$ mm 时，光子晶体微波反应腔具有较好的加热效能，此时光子晶体结构对电磁波具有较强的散射作用，与单馈口情况下结论相一致。

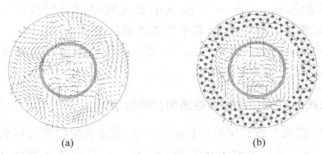

(a)　　　　　　　　　　　　(b)

图 3-61　矢量电场分布图

(a) 常规反应腔；(b) 光子晶体反应腔

4．双馈口腔体中光子晶体缺陷的影响规律

取 $L=24$ mm、$r=6$ mm 时，在双馈口光子晶体微波反应腔中同样引入 $1\sim5$ 个线缺陷，缺陷数量和位置对加热效率的影响如图 3-62 所示。

结果表明，当引入一个缺陷时，缺陷位置对加热效率的影响很小，加热效率始终位于 98.3% 附近；当引入两个缺陷时，加热效率出现一个极大值点，该极大值点的缺陷位置在

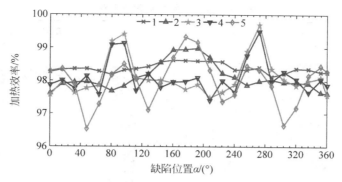

图 3-62　双馈口反应腔中加热效率与缺陷位置 α 的关系

180°附近,此时缺陷平行于馈口 1 的长边;当引入 3~4 个缺陷时,加热效率在缺陷位置位于 90°和 270°处出现两个极大值点;当引入 5 个缺陷时,加热效率随缺陷位置改变而交替出现极大值与极小值,出现极小值的位置大约是 45°的奇数倍,出现极大值点的位置大约是 45°的偶数倍。

　　缺陷个数与位置对电场分布标准偏差的影响如图 3-63 所示。计算结果表明,当缺陷个数为 1~4 个时,除 90°附近(图中直线 u)加热均匀性较差,其他位置均能获得较好的加热均匀性;当引入 5 个缺陷时,除 N 区域外,其他位置也都具有较好的均匀性。

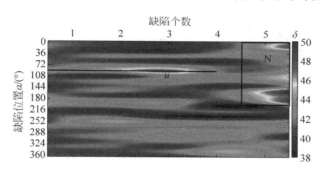

图 3-63　双馈口反应腔中加热均匀性与缺陷位置 α 的关系

3.7.4　光子晶体结构对加热效能的综合影响

　　为了验证上述仿真结果的有效性,用相同的方法分别建模仿真了文献[180]中的单馈口微波反应腔和文献[181]中所设计的双馈口微波反应腔。仿真所得到的负载表面电场分布图和文献中所测得的负载表面温度分布图如表 3-4 所示。对比结果显示,实验测得的负载表面温度分布图与仿真所得到的表面电场分布图冷热点位置基本一致。为了提高对比论证作用,分别用 HFSS 软件与 Comsol 软件建模仿真了 $r=8$ mm、$L=14$ mm 时的单馈口光子晶体微波反应腔,两款软件得到的负载中心剖面电场分布图对比如表 3-5 所示,结果表明,两款软件得到的电场分布图具有高度的一致性。通过与已有文献的实验值以及不同软件之间的仿真值的对比,在一定程度上验证了本方法的有效性。

表 3-4　仿真结果与实验结果对比

仿真电场分布图	实验温度分布图

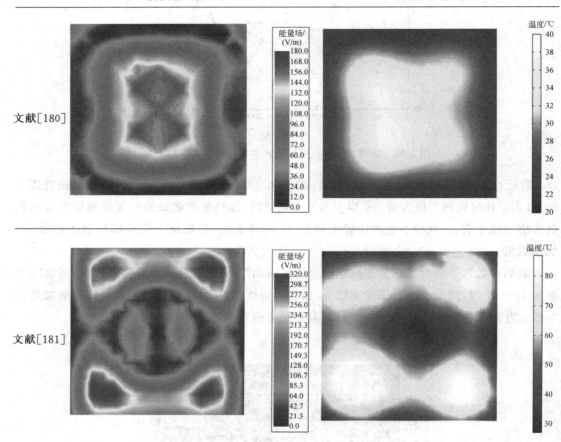

研究表明,当光子晶体结构对反应腔中的电磁波具有较强的布拉格散射作用时,微波反应腔具有最好的加热效能;当光子晶体结构的反射作用远大于透射作用时,微波反应腔的加热效率较高而加热均匀性较差;当透射进入光子晶体结构的电磁波形成谐振而被限制在内部时,微波反应腔的加热效率较低而加热均匀性较好。

选取合适的光子晶体结构能有效提升圆柱形微波反应腔的加热效率和加热均匀性,且加热效率和加热均匀性与光子晶体结构参数 r 和 L 之间存在如下规律:

(1)在单馈口光子晶体微波反应腔中,当光子晶体结构参数 $L \in [12,40]$mm、$r \in [4,10]$mm 时,平均加热效率和最大加热效率分别可达 86.01% 和 99.49%;当 r 和 L 满足 $r+L > 43$ mm 或 $r+L < 29$ mm 时,能获得较高的加热效率;当 $L \in [12,18]$mm、$r \in [7,9]$mm(图 3-51 中区域 C)时,不仅能获得较好的加热均匀性,而且也具有较高的加热效率,此时光子晶体结构对于电磁波具有较强的散射作用;当引入缺陷的方向垂直于电场极化方向时会大幅增强光子晶体结构对于电磁波的散射作用,此时加热效率和均匀性同时达到最优。

表 3-5　HFSS 与 Comsol 仿真结果对比

HFSS	Comsol
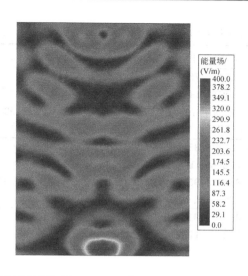	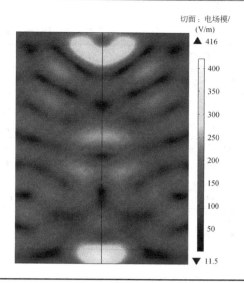

（2）在双馈口光子晶体微波反应腔中，当光子晶体结构参数 $L \in [21, 28]$ mm、$r \in [6, 10]$ mm 时，平均加热效率和最大加热效率分别是 95.31%、99.43%，加热效率的最优值出现在直线 $r + L = 31$ mm 和图 3-59 区域 F 中直线 $r + L = 23$ mm 处，加热均匀性的最优位置则出现在直线 $r + L = 29$ mm 和 $r + L = 33$ mm 附近；当引入缺陷时，大部分参数下均能达到较好的加热均匀性。

对比单馈口反应腔与双馈口反应腔的计算结果可以得到，光子晶体结构对于单馈口反应腔加热效率与加热均匀性的提升效果要高于双馈口反应腔，并且在改变结构参数的过程中，单馈口反应腔的规律性更强，因此所设计的光子晶体结构更适用于单馈口反应腔，但对于材料或者排布不同的其他光子晶体结构，单馈口反应腔是否还优于双馈口反应腔还有待进一步研究。

3.8　新型腔体结构对微波场分布的影响

3.8.1　脊形凹槽装置结构对微波场分布的影响

1. 脊形凹槽装置结构对整体加热均匀性的影响

选择未设置诱导装置（Model 1）、加热效率较优（Model 2）、加热均匀性较优（Model 3）的 3 个模型为对象，在介质内部选取多个均匀分布的电场采样点（表 3-6）。经仿真计算并求解得到介质内部电场分布的标准偏差（α）如表 3-6 所示。同时，在介质内沿 Z 方向取 6 个平面：Ⅰ、Ⅱ、Ⅲ、Ⅳ、Ⅴ、Ⅵ，距离加热器底部的距离分别为 40、63、86、109、132 mm，通过求解平面上一系列观测点的电场强度来分析介质内部电场分布的均匀性。计算结果表明，Model 1、Model 2、Model 3 的介质体中电场分布的标准偏差（α）分别为 65.7、46.93、29.14，

Ⅰ~Ⅵ层中电场分布标准偏差的平均值($\bar{\alpha}_{I \sim N}$)分别为 77.83、52.37、39.72，与微波腔壁光滑时相比，无论在介质体内及提取层中，加热均匀性都得到了提升，且最大提升幅度达到 58.54%。

表 3-6　不同结构参数的诱导装置对介质体加热均匀性的影响对比

模型及分项		介质体	Ⅰ层	Ⅱ层	Ⅲ层	Ⅳ层	Ⅴ层	Ⅵ层	$\bar{\alpha}_{I \sim N}$	$\bar{E}_{I \sim N}$
Model 1	σ	65.7	80.33	74.57	77.45	75.86	75.35	83.4	77.83	
$b=0$ mm	采样点数量	218 230	16 314	43 188	42 816	43 236	41 424	14 976		
$d=0$ mm	$E_{I \sim N}$	103.83	130.72	120.84	120.4	119.87	117.74	136.14		124.29
eff$=0.937$	q	2.35%	1.10%	0.98%	1.52%	0.28%	1.83%	2.65%		
Model 2	σ	46.93	66.92	47.46	38.39	35.18	40.29	85.96	52.37	
$b=50$ mm	采样点数量	202 160	15 840	42 726	41 856	41 736	37 866	14 886		
$d=120$ mm	$E_{I \sim N}$	102.28	166.13	93.74	84.85	95.99	97.08	167.8		117.60
eff$=0.983$	q	0.03%	0.00%	0.00%	0.00%	0.00%	0.00%	0.00%		
Model 3	σ	29.14	36.93	40.97	31.19	31.65	37.52	60.05	39.72	
$b=80$ mm	采样点数量	215 390	16 710	43 434	43 434	41 910	40 224	15 492		
$d=70$ mm	$E_{I \sim N}$	76.11	101.6	76.38	70.6	71.87	74.71	115.94		85.18
eff$=0.958$	q	0.01%	0.00%	0.00%	0.00%	0.00%	0.00%	0.05%		

2. 脊形凹槽装置结构对局域电场分布的影响

由于诱导装置和物料的多重作用，微波反应腔中不同位置的电场强度差异性如表 3-7 所示，分析可得，在 Model 1、Model 2、Model 3 中，Ⅰ~Ⅵ 6 个观测平面上电场强度的平均值分别为 124.29、117.60、85.18，呈现出明显的差异性。为了直观地对比观测层中电场分布的差异，表 3-7 给出了 3 种模式下不同观测层中的电场分布图，与 Model 1 相比，Model 2、Model 3 的负载 Z 方向平面的加热均匀性大幅提升，观测层内高电场强度聚集区域消失，此现象在 Model 3 中更为明显。说明装置结构形态对局域电场分布具有较好诱导作用。

表 3-7　凹槽的结构形态与负载 Z 平面中电场分布的关系

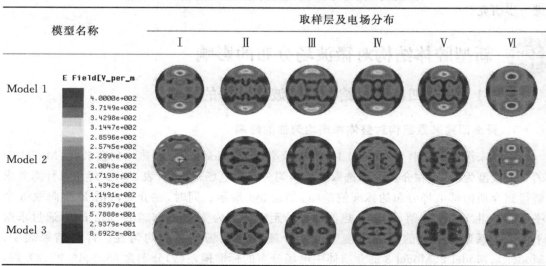

3. 脊形凹槽装置结构对介质"热点"的影响

在微波反应器中,高电场强度聚集区域越大,发生"热点"现象的概率越大。参照电磁波信号衰减的判断方式,即在垂直地面入射的平面电磁波条件下,当电磁波信号振幅衰减为地表值的 $1/e(e=2.718)$ 时,视为"信号消失"[166]。据此,提取不同诱导装置结构形态下负载介质中的电场强度值,并定义电场强度大于平均值 e 倍的观测点数量与提取的观测点总数量的比例为 q,q 值越大,则说明高电场强度聚集区域越大。数值计算结果表明,Model 1、Model 2、Model 3 的介质体中,q 值分别为 2.35%、0.03%、0.01%,呈现出明显的差异性。另外,Model 1 中 Ⅰ~Ⅵ 层的 q 值分别为 1.10%、0.98%、1.52%、0.28%、1.83%、2.65%,而 Model 2 和 Model 3 中 Ⅰ~Ⅵ 层中 q 值基本趋于零。说明诱导装置使介质体中高电场强度分布比例明显下降,诱导装置能有效地抑制热点和热失控现象的发生。

3.8.2　凸球面装置结构对微波场分布的影响

1. 凸球面装置结构对整体加热均匀性的影响

为直观地观察在腔体内壁中所安装的优化装置对微波场分布的影响,以凸球面优化装置为例,选取 4 种不同的凸球面进行仿真计算并比较,装置模型如图 3-64 所示。其中:Pattern(1),$k=0$; Pattern(2),$k=b$; Pattern(3),$k=b/2$; Pattern(4),$k=c$,$b=10$ mm,18 mm。

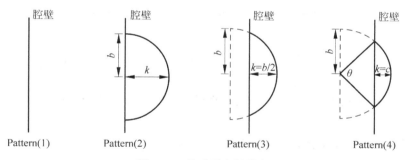

图 3-64　凸球面空间形态

按式(3-4)计算微波反应器的加热均匀性,取 $b=2$、3.5、5、6.5、8、10、11 mm 为计算参数,分别对 Pattern(1)、Pattern(2)、Pattern(3)和 Pattern(4)进行了计算,通过求解负载介质内一系列观测点的电场强度来研究微波腔内电磁场分布的均匀性,以此分析微波反应器腔体壁上安放凸球面装置以后腔体加热均匀性的变化。为了充分地、真实地反应负载介质的整体均匀性,观测点的提取原则为:在 x、y、z 任意一个方向上的坐标值间隔小于0.01 mm,以确保提取的观测点数量充足。

图 3-65 计算结果表明,未安装凸球面时,Pattern(1)中负载的微波加热均匀性为99.27,安装凸球面后,负载中的整体加热均匀性变化情况如下:

(1) 从 k 值与均匀性角度看:

(a) 当 k 值较小($k<8$ mm)时,Pattern(2)、Pattern(3)、Pattern(4)中均匀性变化趋势

呈上抛物线型分布；与 Pattern(1)相比，Pattern(2)和 Pattern(4)的均匀性提升，Pattern(2)、Pattern(3)中部分观测点的均匀性略低于 Pattern(1)。

（b）当 $k = 5$ mm 时，所有模型的加热均匀性都提升，最大提升值为 5.63、幅度为 5.67%；当 k 值较大（$k > 8$ mm）时，3 种凸球面形态下均匀性呈不规律性变化，其中 Pattern(2)、Pattern(3)的均匀性提升，最大提升值为 24.17、幅度为 24.34%，Pattern(4)在观测点（$c = 10$ mm）处均匀性下降 6.47、幅度为 6.5%。

（2）定义腔壁内凸球曲线的弯曲程度为凸度 ρ_t，$\rho_t = \tan\left(\dfrac{\theta}{4} \times \dfrac{\pi}{180}\right)$，并从凸球凸度与均匀性的角度看：

当 $k < 8$ mm 时，凸球凸度 ρ_t 与电场强度标准偏差 α 的关系呈现出下抛物线型趋势，抛物线顶点处（$k = 5$ mm）的 α 值最小，对应的微波的吸收均匀性最好。当 k 值固定时，不同凸球面形态中 ρ_t 与 α 呈现出正比趋势，即 ρ_t 越大 α 越大，对应的微波的吸收均匀性越差。

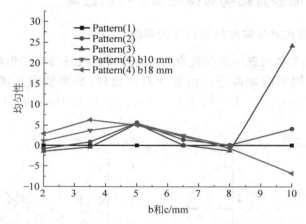

图 3-65　4 种凸球面空间形态下 b 和 c 对应的均匀性与 Pattern(1)（空腔）时均匀性的对比情况

2. 凸球面装置结构形态对局域电场分布的影响

在微波加热器腔内沿 Z 方向取 7 个平面：Ⅰ、Ⅱ、Ⅲ、Ⅳ、Ⅴ、Ⅵ、Ⅶ，距离微波加热器底部的距离分别为 40、63、86、109、132、155 mm，如图 3-66 所示。通过求解平面上一系列观测点的电场强度来研究微波腔内电磁场分布的均匀性，提取原则为观测点在 x、y 任意一个方向上的坐标值间隔小于 0.01 mm。以 Pattern(4)（$b = 18$ mm）为例，6 个观测平面的电场分布情况表 3-8 所示，与 Pattern(1)相比：当 $c = 2$ mm 时，Pattern(4)中负载 Z 方向平面的加热均匀性有所提升，但提升幅度不大；当 $c = 5$ 时，Pattern(4)中负载 Z 方向平面的加热均匀性大幅提升，观测层内高电场强度聚集区域消失。

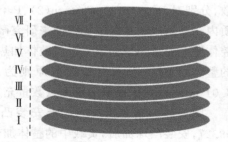

图 3-66　负载在 Z 方向上取样平面

表 3-8 凸球面空间形态与负载在 Z 平面中电场分布的关系

3. 凸球面装置结构对"热点"的影响

在利用微波进行快速加热时,由于微波和物料之间的非线性相互作用,不同的加热对象将在微波加热腔中形成不同的电磁场分布,进而产生不同的加热效率和均匀性,加热不均匀现象严重时极易出现热点甚至热失控问题。

提取不同凸球面形态下负载介质中的电场强度值,并定义电场强度大于平均值 e 倍的观测点数量与提取的观测点总数量的比例为 q,结果见表 3-9,结果表明:未安装凸球面时,q 等于 0.69%。安装凸球面后,当 k 为 $2\sim8$ mm 时,不同凸球面形态对应模型负载中,q 小于或者等于模型 Pattern(1)。分析可得:

(1) q 值越大,则高电场强度聚集区域越大,反应器中"热点"概率越大。

(2) 优化装置(凸球面)空间形态能够降低微波反应器中"热点"和热失控现象产生的概率。

(3) 当 k 介于 $2\sim8$ mm 时,q 与 k 呈下抛物线型分布,当 $b=5$ mm 时所有模型中的比例都低于 0.25%,此时的凸球面空间形态结构参数对应的微波反应器应为避免热点和热失控问题发生的最佳模型选择。

表 3-9 不同凸球面空间形态中负载的电场强度值分布情况

Model		观测点数量/个	$\bar{E}\times e$	$>\bar{E}\times e$ 数量/个	$q/\%$
Pattern(1)		221 390	483.88	2207	0.69
Pattern(2) $k=b$	$k=2$ mm	200 420	482.49	1254	0.63
	$k=3.5$ mm	174 210	480.86	1006	0.58
	$k=5$ mm	135 000	496.64	336	0.25
	$k=6.5$ mm	135 510	473.91	757	0.56
	$k=8$ mm	197 840	469.31	1145	0.58

Model		观测点数量/个	$\bar{E} \times e$	$> \bar{E} \times e$	
				数量/个	$q/\%$
Pattern(3) $k=b/2$	$k=2$ mm	124 020	487.33	742	0.60
	$k=3.5$ mm	129 490	486.11	755	0.58
	$k=5$ mm	137 790	505.22	237	0.17
	$k=6.5$ mm	134 160	472.1	789	0.59
	$k=8$ mm	152 430	501.82	805	0.53
Pattern(4) $b=10$ mm	$k=c$	125 820	485.24	805	0.64
		166 329	503.78	106	0.11
		137 790	505.22	237	0.17
		151 000	507.07	461	0.31
		175 020	463.86	843	0.48
Pattern(4) $b=18$ mm	$k=c$	180 460	465.06	375	0.68
		120 948	501.95	238	0.20
		108 860	503.86	182	0.17
		129 016	504.09	490	0.38
		147 800	500.49	795	0.54

可以看出,在微波反应器内壁上安装不同结构形态的凸球面装置,微波反应器的加热效率和均匀性都会发生相应改变,存在适当的凸球面形态参数,能改善微波反应器的加热效率与均匀性。

同时,凸球面空间形态能够改善微波反应器负载中电场强度分布的均匀性,负载中电场强度值大于平均电场强度值的 e 倍的观测点的比例(q)越大,微波反应器中发生"热点"现象的概率越大,选取适当的凸球面空间形态参数,能够降低热点和热失控问题产生的概率。

在微波反应腔设计时,可根据实际需要选取不同的凸球面形态,注重微波加热效率提升时,k 取小值,ρ_t 取大值;注重微波吸收均匀性提升时,k 值宜取不牺牲效率前提下 k 值范围的中间值,ρ_t 取大值。综合考虑加热效率和吸收均匀性的提升,模型 Pattern(2)、Pattern(4) 为最佳凸球面空间形态。

第4章

颗粒型混合物等效介电特性研究

4.1 颗粒型混合物等效介电特性的数值计算原理及其数值边界

4.1.1 颗粒型混合物等效介电特性的数值计算原理

当混合物中颗粒的尺寸远远小于电磁波波长时,可用准静态条件下的平行板电容器模型分析混合物的等效介电特性[81,85]。如图 4-1 所示,平行板电容器上、下极板的电压分别为 $\varphi_1 = 1$ V、$\varphi_2 = 0$ V,侧面边界条件为 $\partial\varphi/\partial n = 0$,极板间为颗粒型物料,$\varepsilon_1$、$\varepsilon_2$ 分别为包裹相(基体相)及填充相(颗粒物质)的介电参数。

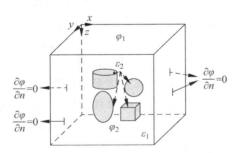

图 4-1 颗粒型混合物等效介电特性模型

由电磁场理论可知,由于颗粒物质的影响,电容器内的电位 φ 分布不均匀,电位 φ 满足拉普拉斯(Laplace)方程:

$$\nabla \cdot (\varepsilon(r) \nabla\varphi(r)) = 0 \tag{4-1}$$

式中,$\varepsilon(r)$ 为介电特性;$\varphi(r)$ 为求解区域中的电位分布。

在 FEM(有限元法)计算中,每个网格单元的静电储能为[126]

$$\delta W_e(k) = \frac{1}{2}\int_{V_k} \varepsilon_k \left[\left(\frac{\partial\varphi}{\partial x}\right)^2 + \left(\frac{\partial\varphi}{\partial y}\right)^2 \right] + \left(\frac{\partial\varphi}{\partial z}\right)^2 \mathrm{d}x\,\mathrm{d}y\,\mathrm{d}z \tag{4-2}$$

式中，ε_k 和 V_k 分别为第 k 个单元的介电参数和体积。混合物总静电能为

$$W_e = \sum_{i=1}^{k} \delta W_e(k) \tag{4-3}$$

由电磁理论可知，对于图 4-1 所示电容器，其所存储的电场能量可表示为[81]

$$W_c = \frac{1}{2}\varepsilon_0\varepsilon_{\mathrm{eff}}\frac{S}{d}(\varphi_1 - \varphi_2)^2 \tag{4-4}$$

式中，$\varphi_1 - \varphi_2$ 为沿 z 方向的电位差；S 为极板面积；d 为两块板之间的距离；$\varepsilon_0 = 8.85 \times 10^{-12}$（F/m）；$\varepsilon_{\mathrm{eff}}$ 为混合物的等效电特性。根据能量守恒理论，令 $W_c = W_e$，联立式(4-2)～式(4-4)即可求得混合物的等效介电特性 $\varepsilon_{\mathrm{eff}}$。

在分析微波频段下导电型混合物各组分介电特性对吸波特性的影响时，介质的介电特性为复介电常数，且

$$\varepsilon = 1 - \mathrm{j}(\sigma/\omega\varepsilon_0) \tag{4-5}$$

式中，σ 为电导率；ω 为角频率（$\omega = 2\pi F$），F 为微波频率。

由于随机模型是各向异性的，为了准确模拟计算固定体积分数下的各向同性混合物质介电特性，可在确定体积分数的情况下生成多组随机数，每组随机数与颗粒物质建立对应关系并生成多个模型，取其所有模型计算结果的统计平均值作为数值计算结果[105]，即

$$\varepsilon_{\mathrm{eff}} = \frac{1}{K}\sum_{i=1}^{K}\left(\frac{1}{3}(\varepsilon_x^i + \varepsilon_y^i + \varepsilon_z^i)\right) \tag{4-6}$$

式中，ε_x^i、ε_y^i、ε_z^i 分别为第 i 个计算模型在 x、y、z 方向上的介电特性，K 为计算模型的数量。

4.1.2　颗粒型混合物等效介电特性的 Hashin-Shtrikman 边界

二元混合物（binary mixture）又称双组分混合物，是指仅由两种不同的物质所组成的混合物。在自然界中，很多物质都可以近似为颗粒物质（夹杂相）被一个连续的基体物质（包裹相）所包围的二元混合物。例如，放置在家用微波炉中进行直接加热的大豆、花生等颗粒型农产品就可近似为颗粒物质被连续的空气所包围的颗粒型二元混合物。颗粒的结构形状、排列形式、在混合物中的所占体积分数等都直接影响着混合物的等效介电特性。当颗粒型二元混合物被置于外电场中时，由于颗粒结构形状和排列方式的不同，混合物内的电场分布会出现"并行"和"串行"两种极端情况[126]，两种极端情况下所对应的等效介电特性值分别为二元混合物等效介电特性的极大值和极小值。

对于三维问题，Hashin-Shtrikman 提出颗粒型二元混合物的等效介电参数数值边界（Hashin-Shtrikman bounds）为[182]

$$\begin{cases} \varepsilon_{\mathrm{eff,max}} = \varepsilon_e + \dfrac{f}{\dfrac{1}{\varepsilon_i - \varepsilon_e} + \dfrac{1-f}{3\varepsilon_e}} \\[4mm] \varepsilon_{\mathrm{eff,min}} = \varepsilon_i + \dfrac{1-f}{\dfrac{1}{\varepsilon_e - \varepsilon_i} + \dfrac{f}{3\varepsilon_i}} \end{cases} \tag{4-7}$$

式中，ε_i、f 分别为颗粒物质的介电特性和体积分数；ε_e 为基体物质的介电特性；$\varepsilon_{\mathrm{eff}}$ 为混合

物的等效介电特性；$\varepsilon_{\text{eff,max}}$ 和 $\varepsilon_{\text{eff,min}}$ 分别为混合物等效介电特性的最大值和最小值。

对于二维问题，Wiener 提出了柱状物质填充混合物的等效介电特性数值范围（Wiener bounds）：

$$\begin{cases} \varepsilon_{\text{eff,max}} = f\varepsilon_{\text{i}} + (1-f)\varepsilon_{\text{e}} \\ \varepsilon_{\text{eff,min}} = \dfrac{\varepsilon_{\text{i}}\varepsilon_{\text{e}}}{(1-f)\varepsilon_{\text{e}} + f\varepsilon_{\text{i}}} \end{cases} \tag{4-8}$$

4.2 颗粒随机分布型混合物等效介电特性模拟模型研究

文献[50]使用有限元法模拟了颗粒随机分布的三维复合材料的等效介电特性[50]。本节应用蒙特卡罗（Monte Carlo，MC）随机模拟方法和 Comsol Multiphysics 有限元计算软件（MC-FEM 方法）分析计算颗粒随机分布混合物的等效介电特性，并将计算结果与相关理论结果、实验结果进行比较，验证所提出并编程实现的 MC-FEM 方法的正确性和有效性。

4.2.1 颗粒随机分布型混合物等介电特性的 MC-FEM 方法

在实际工程问题中，由于混合物料中不同组分颗粒物质的空间位置分布存在若干种可能性，所以颗粒物质在基体相中的位置也是随机的。为模拟分析颗粒物质的随机分布对混合物介电特性的影响，将图 4-1 所示的立方基体相均匀划分为若干体积相同的小立方体单元，每个单元由小立方基体和重心位置位于小立方体中心附近、边界不超出单元边界的颗粒物质构成，与传统模型不同的是：该单元不再是重复单元，即每个单元中的颗粒位置、体积可随机分布。图 4-2 显示了填充球形颗粒的体积分数为30%的随机模型截面示意图。可见，对于同一个颗粒，它可能随机出现在所划分出的任意一个小立方单元中，颗粒的中心也没有固定在小立方对称中心，而是随机分布在立方对称中心附近。

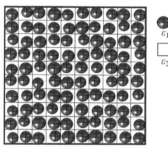

图 4-2　体积比为 30% 的球形颗粒
随机模型截面图

在 Comsol Multiphysics 软件中，创建"MC-FEM"并编制程序，基本流程如图 4-3 所示，模型构建步骤如下。

（1）在 Comsol 软件的"App 开发器"中创建"Model method"，在"声明"中定义不同的数组、变量分别储存各颗粒的位置坐标值、体积值、体积比和结构参数。

（2）将基体划分为 $M \times N \times P$ 个相似的小单元，M、N、P 根据混合物的基体结构进行设置，文中选取 $M = N = P = 10$。

（3）根据实际需求，使用"录制"方法生成不同结构形状颗粒的建模代码备用，根据需要将代码嵌入主程序中，设置结构参数变化范围，使用随机函数（Math. random）分步生成颗粒的随机位置坐标参数和随机结构参数。

（4）将每组随机数与小立方单元中的填充颗粒建立对应关系，将随机值赋予拟生成颗粒，并通过程序判断语句，确保颗粒不溢出小单元、颗粒间可以接触但不重叠。

（5）设定颗粒数量，编制程序将介电性能相同的颗粒设定为同一个"累积"，累积的数量根据混合物中颗粒的种类确定。

（6）运行"method"，在指定区域生成立方体模型和颗粒模型，实现颗粒的随机生成及投放，使用布尔运算将立方体区域减去颗粒区域即得到基体区域，形成"联合体"，完成模型构建。

作为示例，建立了 5 组不同结构形状的颗粒群模型，分别为球体、立方体、长方体（$a : b : c = 10 : 9 : 8$）、圆柱体（$h : r = 3 : 2$）和椭球体（$r_1 : r_2 : r_3 = 5 : 4 : 3$），依次标注为 A、B、C、D、E，并生成 5 组不同形状混合的颗粒群，分别标注为 A+B、A+C、A+D、A+E、D+E。如图 4-4 所示，前 5 组为单一形状、后 5 组为混合形状。

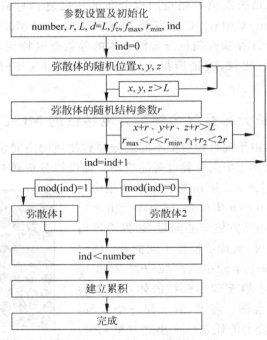

图 4-3　随机模型流程图

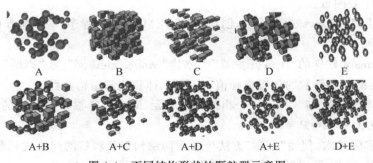

图 4-4　不同结构形状的颗粒群示意图

通过本程序也可以实现任意两种或多种不同结构的颗粒、在不同体积分数条件下的规则化或随机化混合生成。作为示例，图 4-5 显示了不同形状颗粒填充混合物的三维模型图，其中图 4-5(a)为球状颗粒模型图,图 4-5(b)为球状和立方状颗粒混合模型图,图 4-5(c)为球状、立方状和椭球状颗粒混合模型图。

使用 Comsol 网格剖分功能中的"物理场控制网格"对模型进行自由四面体网格剖分,并采用"中等"优化级别进行单元质量优化,图 4-5(d)显示了图 4-5(b)所示模型中颗粒网格的剖分情况。在材料属性中选取基体区域进行属性赋值,选择"累积"对不同的基质颗粒进行物理属性赋值。

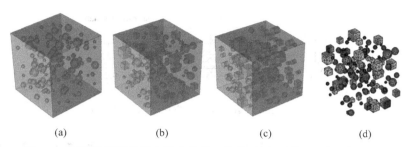

(a)　　　　　　(b)　　　　　　(c)　　　　　　(d)

图 4-5　不同形状颗粒填充混合物的三维模型图、颗粒网格剖分示意图

4.2.2　颗粒随机分布型混合物等效介电特性的 MC-FEM 计算

1. MC-FEM 方法的可行性

微波与物质相互作用的机制表明,即使是对于介电常数比和体积分数都相同的二元混合物,由于颗粒物质的空间位置分布存在随机性,微波与物质相互作用所表现出来的宏观响应是不尽相同的,最直观的反应就是每一次颗粒物质的位置随机分布后,得到混合物的等效介电特性数值计算值不完全相同。图 4-6 给出了 $\varepsilon_i'/\varepsilon_e' = 20:1$、$f = 0.5$ 时 200 次数值计算结果的直方图。从图中可以看出,在颗粒物质和基体相的介电常数比相同且基质在混合物中的体积分数为固定值的条件下,混合物等效介电特性的批量模拟数值结果呈现正态分布(均值为 5.52,标准差为 0.351)。

从 200 次模拟中选择了具有最小和最大等效介电常数的模型,其 x 平面内的颗粒分布及电势分布情况如图 4-7 所示。结果表明:在图 4-7(a)中,基体相在竖直方向形成团簇(平行于 TEM 模式的电场极化),此时得到的混合物等效介电常数最小;在图 4-7(b)中,基体相在水平方向形成团簇(垂直于 TEM 模式的电场极化),此时得到的混合物等效介电常数最大。等效介电常数最小值和最大值分别对应基体相中电场分布的"并行"和"串行"两个极端情况,其余情况下数值结果介于最小值和最大值之间,此现象与 4.1.2 节中的 Hashin-Shtrikman 数值边界理论相吻合。

因此,对于固定介电常数比和固定体积分数的混合物,基于颗粒位置随机分布模型的数值计算结果涵盖了"并行"和"串行"两个"极端"情形,说明 MC-FEM 方法能从宏观上反映颗粒物质位置随机分布情形下的混合物等效介电常数范围。

2. MC-FEM 方法的数值边界验证

选取不同介电特性比的二元混合物进行模拟计算,设定颗粒物质和基体相物质的介电参数分别为 ε_i、ε_e,其中 $\varepsilon = \varepsilon_0(\varepsilon' - j\varepsilon'')$,$\varepsilon'$ 为介电常数,ε'' 为损耗因子。选取 $\varepsilon_i'/\varepsilon_e' < 1$

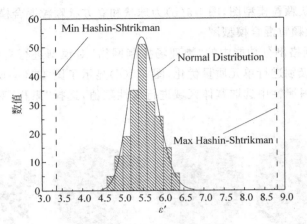

图 4-6　200 次数值模拟直方图 $\varepsilon_i''/\varepsilon_e' = 20 : 1$

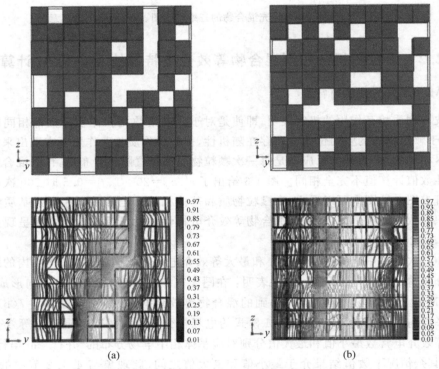

图 4-7　等效介电常数最小(a)和最大(b)模型的结构图和场分布图

$(\varepsilon_i'/\varepsilon_e' = 1/5, 1/10, 1/20, 1/30, 1/40, 1/50)$ 和 $\varepsilon_i'/\varepsilon_e' > 1 (\varepsilon_i'/\varepsilon_e' = 5, 10, 20, 30, 40, 50)$ 的二元混合物进行数值计算,体积分数范围均为 $f \in (0,1)$。同一介电常数比和体积分数的混合物模型反复计算 200 次,以获得颗粒物质随机分布于混合物中的二元混合物等效介电特性。图 4-8～图 4-13 显示了不同介电常数比混合物模型的等效介电常数计算结果与理论极限值范围的比较情况。由图可知,在 $\varepsilon_i'/\varepsilon_e' \in (1/50, 50/1)$、$f_v \in (0,1)$ 条件下,对于 $\varepsilon_i'/\varepsilon_e' < 1$ 和 $\varepsilon_i'/\varepsilon_e' > 1$ 的任意二元混合物,其等效介电常数数值计算结果都处在 Hashin-Shtrikman bounds 的理论极限值范围内。

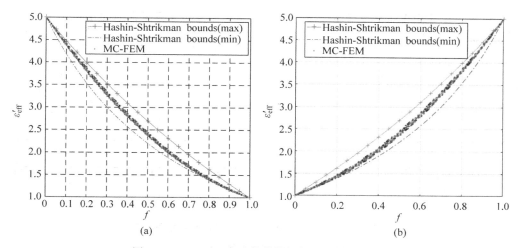

图 4-8　MC-FEM 方法数值结果与理论极限值的比较

(a) $\varepsilon_i'/\varepsilon_e'=1/5$；(b) $\varepsilon_i'/\varepsilon_e'=5/1$

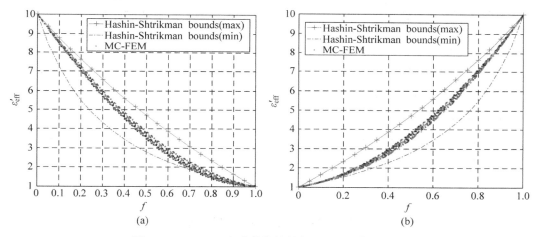

图 4-9　MC-FEM 方法数值结果与理论极限值的比较

(a) $\varepsilon_i'/\varepsilon_e'=1/10$；(b) $\varepsilon_i'/\varepsilon_e'=10/1$

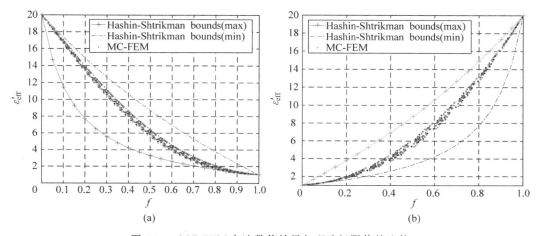

图 4-10　MC-FEM 方法数值结果与理论极限值的比较

(a) $\varepsilon_i'/\varepsilon_e'=1/20$；(b) $\varepsilon_i'/\varepsilon_e'=20/1$

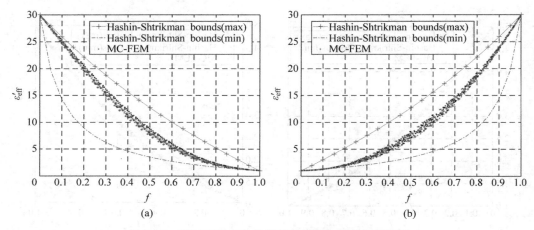

图 4-11　MC-FEM 方法数值结果与理论极限值的比较

(a) $\varepsilon_i'/\varepsilon_e'=1/30$；(b) $\varepsilon_i'/\varepsilon_e'=30/1$

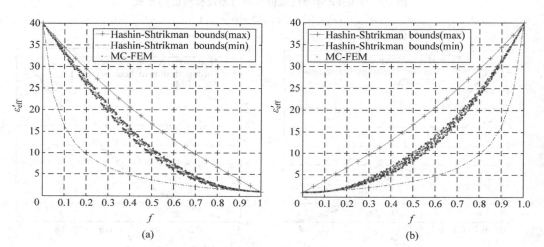

图 4-12　MC-FEM 方法数值结果与理论极限值的比较

(a) $\varepsilon_i'/\varepsilon_e'=1/40$；(b) $\varepsilon_i'/\varepsilon_e'=40/1$

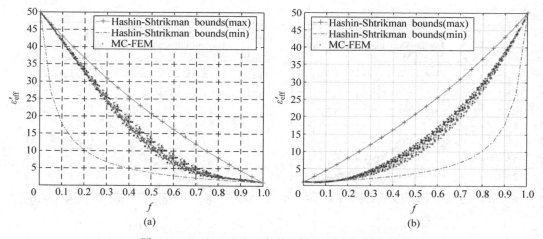

图 4-13　MC-FEM 方法数值结果与理论极限值的比较

(a) $\varepsilon_i'/\varepsilon_e'=1/50$；(b) $\varepsilon_i'/\varepsilon_e'=50/1$

3. MC-FEM 计算结果与相关理论结果的比较

图 4-14 显示了 MC-FEM 计算结果与 Maxwell-Garnett 模型（MG）[183]、Bruggeman 模型（BM）、Jayasundere-Smith 模型（JS）[184] 等经典公式的比较情况，结果表明：

（1）当颗粒物质的体积分数较小时（$f < 20\%$），MG、BM、JS 模型的计算结果比较接近，MC-FEM 数值计算结果与 3 种模型基本吻合。

（2）当颗粒物质的体积分数较大时（$f > 20\%$），MC-FEM 方法数值计算结果介于 JS 模型和 BM 模型之间，但与 MG 模型相差较大。

（3）当基体物质和颗粒物质的介电常数 ε_1、ε_2 相差不大时（$\varepsilon_i'/\varepsilon_e' = 1/3$），数值计算结果与 Bruggeman 模型高度吻合（图 4-14（a））；当 ε_1、ε_2 相差相对较大时（$\varepsilon_i'/\varepsilon_e' = 1/10$），数值介于 JS 与 Bruggeman 之间（图 4-14（b）），当 $\varepsilon_i'/\varepsilon_e' = 1/30$ 时，数值结果与 JS 吻合度较好（图 4-14（c））。

对于 MG、BM 和 JS 模型来说，MG 模型主要适用于含量较小时的球型颗粒物质情形，含量增加后会逐渐形成拓扑微结构，此时 MG 模型得到的值会偏小。BM 模型针对两相无明显包围的对称有效介质情形时，能获得理想的计算结果并能预言电导率显著不同的混合体系逾渗行为[86]，而 JS 模型考虑了混合物中各组分之间的相互作用并进行了修正[185]。所以数值计算结果在颗粒含量较小时与 3 种模型吻合较好，而在颗粒含量较高时偏离 MG 模型，与 Bruggeman 模型和 JS 模型接近。

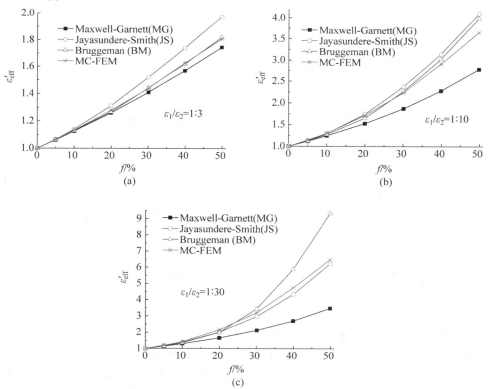

图 4-14　不同介电常数比、体积分数条件下混合物等效介电特性数值结果与经典公式的比较

4. MC-FEM 计算结果与实测结果的比较

以聚偏氟乙烯混合材料为对象($\varepsilon_1=1$,$\varepsilon_2=2.61-j0.12$),采用随机模型计算得到了混合物等效介电特性 ε_{eff} 与体积分数 f 的关系,每种组分结构计算 10 次后取平均值,计算结果见图 4-15,并将数值结果与颗粒物质规则排列[186]、位置随机模型(球体)[187]和实测值[188]进行了对比。结果表明,由于 MC-FEM 模型考虑了颗粒的空间位置和体积的随机性,与颗粒为简立方分布、面心立方分布、位置随机分布时[187]相比,数值结果更接近实测值,说明 MC-FEM 随机模型具有较高的精确性。但精确地讲,无论是有序分布还是随机分布,计算结果比实测值都小一些,这可能与颗粒物质的高阶多极矩贡献和多重散射效应引起的附加损耗有关[188]。从上述分析可以看出,所提出的颗粒型物料等效介电特性 MC-FEM 计算模型以及所编制的计算程序是有效的。

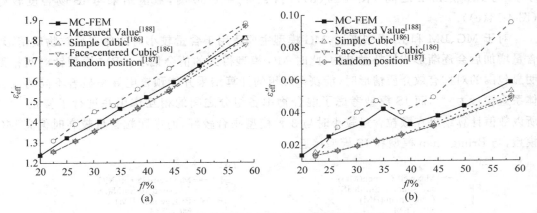

图 4-15　数值结果与相关模型及实测值的比较
(a)介电常数 ε'_{eff};(b)损耗因子 ε''_{eff}

4.2.3　随机分布颗粒的结构形状与 MC-FEM 分析

1. 常规颗粒物质的结构形状

颗粒物质在自然界、日常生活及生产中普遍存在,例如农作物的各种果实,工农业生产中的煤炭、矿石、建材、药品、化工品等。可以说,颗粒物质是地球上存在最多、最为人们所熟悉的物质类型之一[98]。颗粒形状是指粉末或者固体颗粒的外观几何形状,不同的颗粒物质具有不同的结构形状[189]。

在颗粒型混合物中,其不同组分物质的结构形状存在多种可能性,图 4-16~图 4-18 分别显示了氧化锆矿物[190]、铝粉颗粒填充环氧树脂复合材料[191]和新型钛酸钡聚合物[192]的颗粒电镜图。可以看出,物质颗粒的存在状态差异较大,氧化锆矿物颗粒有长条状、块状、片状等,$BaTiO_2$ 聚合物中的颗粒也呈圆柱体、长方体、球体等形状。

对于颗粒型农产品,其种类和结构形状也是非常繁多,图 4-19~图 4-21 分别显示了杂粮类、种子类和坚果类颗粒农产品的实物图,从图中可以看出,农产品颗粒的结构形状和大小也并非完全规则一致,颗粒在混合物中的空间分布是随机的非均匀体系[193]。从颗粒形状的宏观相似度上看,常见的农产品颗粒形状有椭球状、球状、圆柱状、正(长)方体状、卵石状、长条状等,其中以椭球状居多。

图 4-16　氧化锆矿物的电镜图[160]　　图 4-17　铝粉颗粒环氧树脂复合材料电镜断面图[161]

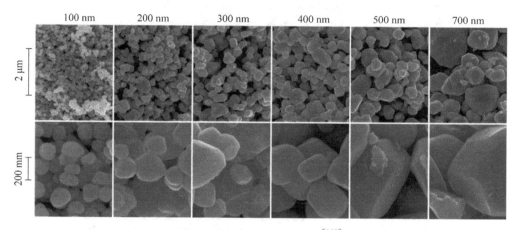

图 4-18　新型钛酸钡聚合物[162]

图 4-19　杂粮类部分农产品实物图

2. 不同颗粒形状混合物的 MC-FEM 模拟结果

为了研究颗粒结构形状对混合物等效介电特性的影响,以聚偏氟乙烯复合材料为对象($\varepsilon_1=1$、$\varepsilon_2=2.61+j0.12$),采用随机模型计算得到 4.2.1 节中多种不同颗粒混合物在不同体积分数条件下的等效介电特性(ε_{eff}),如图 4-22 所示,结果表明:

图 4-20　种子类部分农产品实物图

图 4-21　坚果类部分农产品实物图

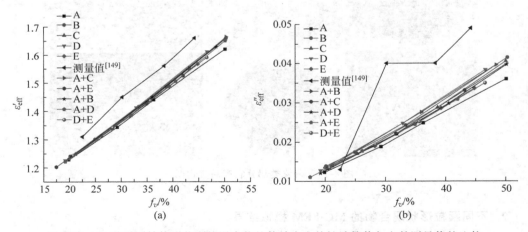

图 4-22　10 种不同结构形状颗粒混合物的等效介电特性计算值与文献测量值的比较

(a) 介电常数；(b) 损耗因子

（1）当夹杂颗粒的体积分数较小时（$f_v < 20\%$），颗粒的结构形状对等效介电特性的影响不明显；当夹杂颗粒的体积分数相对较大时（$f_v \in (21\%, 50\%)$），颗粒群的结构形状与混合物等效介电特性大小的对应关系为：D ＞ A＋B ＞ B＞ A＋C ＞ C＞ A＋D ＞ E ＞ D＋E ＞ A＋E ＞ A，即颗粒结构形状为 D（圆柱体）、B（立方体）和 A＋B（球体＋立方体）时计算值相对较大，颗粒结构形状为 A（球体）时计算值相对较小，其余结构形状对应的等效介电特性数值介于 ε_D 和 ε_A 之间。

（2）从不同结构形状所对应的数值结果与实测值[187]的比较情况可知，颗粒的结构对混合物的等效介电特性有一定影响，但无论采取何种颗粒模型，数值模拟计算结果都略小于实验测量值（＜5％），这可能与夹杂颗粒的高阶多极矩贡献和多重散射效应引起的附加损耗有关[188]。相对而言，颗粒结构为圆柱体（D）、立方体（B）或者球体与立方体的混合型颗粒群（A＋B）时能获得相对较大的等效介电参数，其计算值与实测值更加接近。

（3）为便于分析，从图 4-22 中将球体（A）、立方体（B）、圆柱体（D）和不同颗粒混合型颗粒群（A＋B）的数值计算结果进行重现，结果表明，椭球颗粒（E）的混合物等效介电特性 ε_{eff} 值介于球形颗粒（A）和立方体颗粒（B）之间，与球体与立方体的混合型颗粒群（A＋B）的结果非常接近。因此，对于椭球型农产品物料介电特性的数值模拟计算，既可以直接采用椭球（E）颗粒模型进行模拟，也可采用球体＋立方体混合型颗粒（A＋B）模型进行模拟计算其等效介电特性。

（4）在传统的数值模拟中，大多数研究者采用球形颗粒模型开展数值模拟[103, 128]，然而，由于相邻球形颗粒之间存在较大的间隙，很难获得相对较高的颗粒填充体积分数，在一个被划分为 $10 \times 10 \times 10$ 个小立方单元的大立方基体中，如果选择球形颗粒或者椭球形颗粒作为夹杂相模拟颗粒，在保证相邻两个球之间不相交的前提下，即使是选择了最大结构参数，所能获得的颗粒物质最大体积分数也分别仅为 52.36％、39％。所以，若要获得更大的体积分数，只能将大立方基体划分为更细的网格单元，同时采用不同颗粒结构形状相混合的方式以降低颗粒之间的间隙，但如此一来，必将极大地增加有限元的网格数量和计算时间，对计算的硬件资源也提出了更高的要求，一定程度上限制了对高体积分数混合物的模拟和计算。相对而言，在同一个基体模型中，若使用立方体作为颗粒模型进行建模，颗粒物质的最大体积分数接近 100％。

综上所述，为了能够更好地模拟椭球型农产品颗粒的等效介电特性，做到既保证数值计算模型更接近真实物料，又能对较填充高体积分数的混合物进行仿真分析，在本节中采用相邻颗粒间空隙较小的球体与立方体混合型颗粒（A＋B）或能够获得 100％填充体积分数的立方体（B）颗粒作为颗粒的模拟结构形状。作为示例，图 4-23 分别给出了颗粒物质的体积分数为 30％时上述两种颗粒混合物的模型结构图。

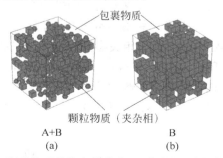

图 4-23　颗粒物质的体积分数为 30％时的混合物模型结构图

（a）立方体颗粒＋球体颗粒；（b）立方体颗粒

4.3 颗粒随机分布型混合物等效介电特性的通用 MGEM 公式研究

4.3.1 MGEM 公式的提出

颗粒填充二元混合物在工农业生产、电子通信等诸多领域具有重要价值[194-195]。为节省资源成本和时间成本,研究颗粒填充二元混合物的电磁特性非常必要。在过去几十年的发展中,学者们提出了大量模型和理论公式来计算和预测颗粒填充二元混合物的等效介电特性,如著名的 Maxwell-Garnett(MG)公式[196]、Bruggeman(BM)公式[196]、Lichtenecker(Li)公式[197]、Brichak 公式[185]等。但不同的公式对混合物的适用性都呈现出选择性,通过某一公式得到的介电特性预测值与测量值之间的一致性,仅适用于某一类混合物。如 MG 公式主要适用于填充颗粒体积分数较小时的球形颗粒情形;BM 公式适用于两相无明显包围的对称有效介质[86];Li 公式适用于分析非均匀微结构[87]等。对此,许多学者针对传统模拟模型和经典混合方程开展了大量研究[107, 198-199],并提出了一些提高估算精度的方法。Lichtenker 基于 Wiener 理论提出了复合材料等效介电常数和等效电导率上下限的方法[200],公式中指数的每一个值对应一种复合材料的几何微观拓扑,以此分析不同微观拓扑结构的复合材料;Wakino K 等将此公式的计算值与数值模拟值进行比较,认为在其指数中引入无量纲参数(0.65)时,新公式的计算值与数值模拟值最吻合[100];Chen W 等采用 7 种混合规则对多种二元陶瓷复合材料的等效介电特性进行计算(介电常数比范围为 0.21~24.55),认为基质物质的体积分数较低或介电常数比接近 1 时,不同混合规则都是有效的,针对不同体积分数和不同介电常数比的情形,有效介质理论(effective medium theory,EMT)的计算结果与实验值之间的差距最小,并引入孔隙率去偏振因子以提高预测精度[107]。向泰等采用不同的计算原理对颗粒填充复合材料的电磁性能进行了计算,认为平均能量法的计算结果与实验数据更为接近[199]。陈小林提出了一种填充相为球状、体积随机分布的二元复合材料介电性能有限元模型,并使用 Ansys 软件对体积分数为 30% 的复合材料进行模拟,认为此模型比传统模型更精确[105]。Karkkainen K K 等采用时域有限差分法(FDTD)模拟仿真了二维情形下颗粒随机分布复合材料的等效介电常数,对比分析得到与模拟结果相吻合的经典公式(Polder Santen)最佳无量纲参数值,但分析的介电常数比仅为 16:1 和 1:16,且不同介电常数比条件下的最佳参数值不同,他同时指出似乎没有任何一个近似公式能够准确地预测整个体积分数范围内的模拟行为[126]。

1986 年,文献[108]基于对称与非对称有效介质理论,在全面分析二元混合物等效电导率与各组分电导率、体积分数、空间维数等相关参数之间关系的基础上,提出了二元(两种)介质混合物等效电导率的通用有效介质(general effective medium,GEM)理论计算公式,并通过实验验证了理论公式的正确性和有效性[108]。

基于文献[108]的研究工作,文献[81]提出了颗粒型二元混合物等效介电特性的通用(GEM)理论计算公式[81]:

$$f\frac{\varepsilon_i^{1/t}-\varepsilon_{eff}^{1/t}}{\varepsilon_i^{1/t}+A\varepsilon_{eff}^{1/t}}+(1-f)\frac{\varepsilon_e^{1/t}-\varepsilon_{eff}^{1/t}}{\varepsilon_e^{1/t}+A\varepsilon_{eff}^{1/t}}=0 \tag{4-9}$$

式中，A 和 t 是用于表征混合物中各组分的微观结构、颗粒分布情况、相互连通性的参数，$A=(1-f_c)/f_c$，f_c 是一个与临界体积分数相关的参数。$t=1$ 时，式（4-9）简化为 Bruggeman 对称公式。文献[81]利用 MC-FEM 方法和立方体颗粒模型，获得了多种介质参数（ε_i 和 ε_e）条件下特征参数 f_c 和 t 的具体数值。

可以看出，由于特征参数 f_c 和 t 未能表示为 ε_i 和 ε_e 的通用函数关系式，所以对于不同 ε_i 和 ε_e 的混合物，f_c 和 t 的取值需要通过大量实验才能获得，因此，式（4-9）并不能直接用于计算任意介质参数（即，任意 ε_i 和 ε_e）条件下颗粒型混合物的等效介电特性。亦即，式（4-9）并不是真正意义上的颗粒型二元混合物等效介电特性的通用有效介质理论计算公式。

另外，文献[201]在综合分析大量实验和理论研究工作的基础上，提出了颗粒型二元混合物等效介电特性与混合物质量密度（体积）之间的平方根公式[201]

$$\varepsilon_{\text{eff}}^{1/2} = f\varepsilon_i^{1/2} + (1-f)\varepsilon_e^{1/2} \tag{4-10}$$

并通过对小麦颗粒、小麦粉介电特性的测量，检验了式（4-10）的正确性。

为研究颗粒型农产品的介电特性，提出将 GEM 公式中待定的特征参数 A 和 t 表征为颗粒物质介质参数（ε_i）和基体物质介质参数（ε_e）的函数表达式，得到计算颗粒型二元混合物等效介电特性的修正通用有效介质公式（Modified General Effective Medium，MGEM）：

$$\frac{f_i(\varepsilon_i^\beta - \varepsilon_{\text{eff}}^\beta)}{\varepsilon_i^\beta + A\varepsilon_{\text{eff}}^\beta} + \frac{f_e(\varepsilon_e^\beta - \varepsilon_{\text{eff}}^\beta)}{\varepsilon_e^\beta + A\varepsilon_{\text{eff}}^\beta} = 0 \tag{4-11}$$

$$A = 2 \times (1 + e^{1-\varepsilon_i/\varepsilon_e}), \quad \beta = 1/2 \tag{4-12}$$

式中，$f_e = 1 - f_i$；ε_i 和 f_i 分别为颗粒物质（夹杂相）的介电特性和体积分数，ε_e、f_e 分别为基体物质（包裹相）的介电特性和体积分数。

4.3.2 MGEM 公式介电常数计算结果的数值检验

1. MGEM 公式与 MC-FEM 数值结果的比较

选取 $\varepsilon_i'/\varepsilon_e' < 1$（$\varepsilon_i'/\varepsilon_e' = 1/5$、$1/10$、$1/20$、$1/30$、$1/40$、$1/50$）和 $\varepsilon_i'/\varepsilon_e' > 1$（$\varepsilon_i'/\varepsilon_e' = 5$、$10$、$20$、$30$、$40$、$50$）的二元混合物进行了数值计算，体积分数范围均为 $f_v \in (0,1)$。利用 MGEM 公式计算颗粒型二元混合物的等效介电特性，并将计算结果与 MC-FEM 计算结果数值范围及其中心线（Center of MC-FEM）进行了比较。图 4-24 显示了 MGEM 公式计算结果与 MC-FEM 计算结果数值范围的比较情况，图示表明，在 $\varepsilon_i'/\varepsilon_e' \in (1/50, 50/1)$、$f \in (0,1)$ 范围内，二者的吻合度较好，相对而言，当 $\varepsilon_i'/\varepsilon_e' < 1$ 且 $\varepsilon_i/\varepsilon_e$ 的比值较小时（如 $\varepsilon_i'/\varepsilon_e' = 1/50$），在高体积分数区域（$f > 0.5$），MGEM 理论公式的计算值略高于数值计算值；当 $\varepsilon_i'/\varepsilon_e' > 1$ 时，理论公式的计算值与每一个模型的数值计算值几乎完全吻合。

为研究式（4-11）中 β 取 $1/2$ 的正确性，令 $\beta = b$（b 围绕 $1/2$ 取各种数值进行计算），图 4-24～图 4-29 显示了计算结果与 MC-FEM 计算结果中心线的比较情况。

图示表明：在 $\varepsilon_i'/\varepsilon_e' \in (1/50, 50/1)$、$f \in (0,1)$ 范围内，对于任意二元混合物，当 b 取 $1/2$ 时，MGEM 公式计算值与 MC-FEM 模拟值的中心线值吻合较好，所以在式（4-11）中，β 取 $1/2$ 时计算结果最优。

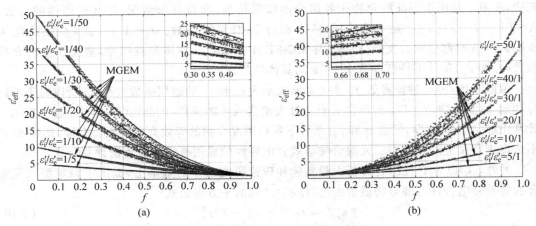

图 4-24　MC-FEM 结果与 MGEM 结果比较

(a) $\varepsilon_i/\varepsilon_e<1$；(b) $\varepsilon_i/\varepsilon_e>1$

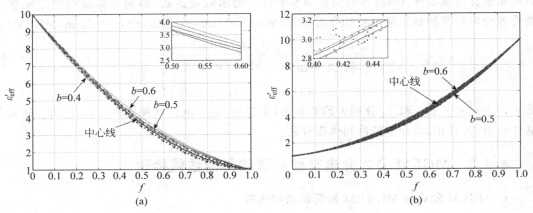

图 4-25　MGEM 与数值结果中心线的比较情况

(a) $\varepsilon_i'/\varepsilon_e'=1/10$；(b) $\varepsilon_i'/\varepsilon_e'=10/1$

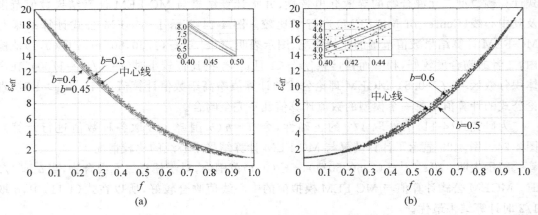

图 4-26　MGEM 与数值结果中心线的比较情况

(a) $\varepsilon_i'/\varepsilon_e'=1/20$；(b) $\varepsilon_i'/\varepsilon_e'=20/1$

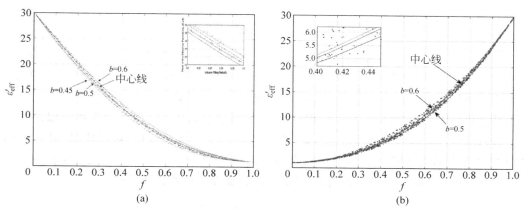

图4-27　MGEM与数值结果中心线的比较情况

（a）$\varepsilon_i'/\varepsilon_e'=1/30$；（b）$\varepsilon_i'/\varepsilon_e'=30/1$

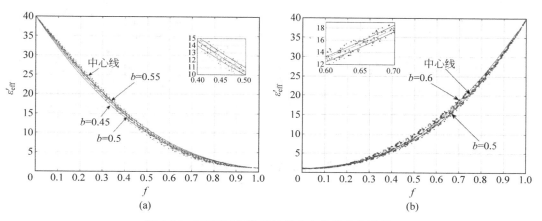

图4-28　MGEM与数值结果中心线的比较情况

（a）$\varepsilon_i'/\varepsilon_e'=1/40$；（b）$\varepsilon_i'/\varepsilon_e'=40/1$

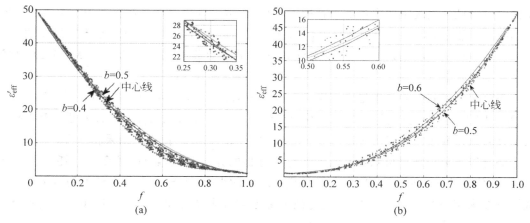

图4-29　MGEM与数值结果中心线的比较情况

（a）$\varepsilon_i'/\varepsilon_e'=1/50$；（b）$\varepsilon_i'/\varepsilon_e'=50/1$

2. MGEM 与经典公式的比较

选取 $\varepsilon_i'/\varepsilon_e'<1(\varepsilon_i'/\varepsilon_e'=1/5$、$1/10$、$1/20$、$1/30$、$1/40$、$1/50)$ 和 $\varepsilon_i'/\varepsilon_e'>1(\varepsilon_i'/\varepsilon_e'=5$、$10$、$20$、$30$、$40$、$50)$ 的二元混合物进行了数值计算,体积分数范围为 $f\in(0,1)$。并将 MGEM 公式的计算结果与 Lichtenecker、Bruggeman、Birchak 等经典理论公式的计算值进行了比较。

对比分析表明,对于同一颗粒型混合物,不同计算公式的计算结果呈现出相似的变化趋势。作为示例,图 4-30 分别显示了当 $\varepsilon_i'/\varepsilon_e'=1/20$、$\varepsilon_i'/\varepsilon_e'=20/1$ 时的对比情况。可以看出,MGEM 与随机模型数值计算结果最吻合,Bruggeman 和 Birchak 公式次之,但 Bruggeman 和 Birchak 公式在部分体积分数区域,计算结果偏离模拟计算值的均值。

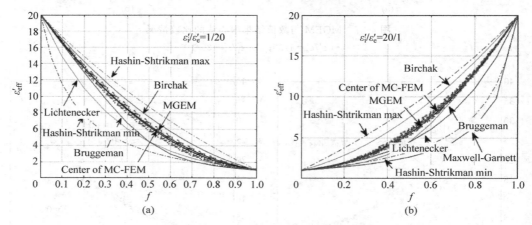

图 4-30 MGEM 公式与部分理论公式计算结果(介电常数)的比较

(a) $\varepsilon_i/\varepsilon_e=1/20$;(b) $\varepsilon_i/\varepsilon_e=20/1$

4.3.3 MGEM 公式损耗因子计算结果的数值检验

为验证 MGEM 公式分析二元混合物损耗因子的正确性和准确性,分两组模拟计算了不同介电特性比情况下混合物的损耗因子,第一组取 $\varepsilon_i/\varepsilon_e=(20-j\varepsilon_i'')/1$,其中 $\varepsilon_i''=10$、20、30、40、50;第二组取 $\varepsilon_i/\varepsilon_e=1/(20-j\varepsilon_e'')$,其中 $\varepsilon_e''=5$、10、20、30、40、50,计算结果如图 4-31 所示。由图可知,在计算区域内,利用 MGEM 公式计算得到的损耗因子与 MC-FEM 数值模拟结果相吻合。

作为示例,图 4-32 分别给出了 $\varepsilon_i/\varepsilon_e=(20-10j)/1$、$\varepsilon_i/\varepsilon_e=1/(20-10j)$ 时 MGEM 公式、MC-FEM 方法与其他经典公式计算得到的损耗因子的对比情况。可以看出,MGEM 公式的计算结果介于各种经典公式计算值之间,与 MC-FEM 数值模拟结果相吻合。

综合以上分析结果可知:无论是针对混合物的介电常数(ε')还是介电损耗因子(ε''),MGEM 公式计算结果与 MC-FEM 数值模拟结果均吻合,也与具有较高计算精度的经典公式计算结果相一致,因此,MGEM 能有效预测不同介电特性比 $\varepsilon_i/\varepsilon_e\in(1/50,50)$ 情形下颗粒随机分布二元混合物的等效介电特性。

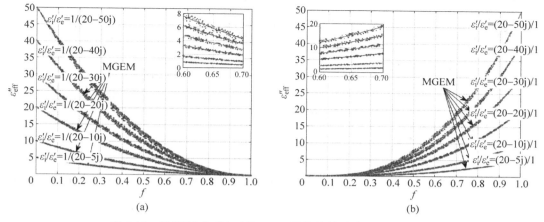

图 4-31　MGEM 公式与 MC-FEM 数值结果(损耗因子)的比较

(a) $\varepsilon_i/\varepsilon_e<1$；(b) $\varepsilon_i/\varepsilon_e>1$

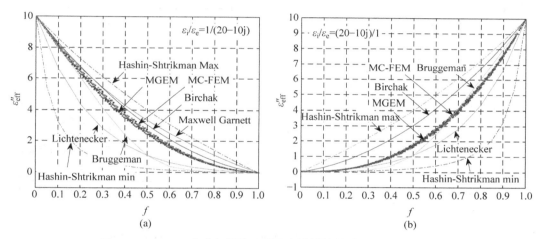

图 4-32　MGEM 公式与部分理论公式计算结果(损耗因子)的比较

(a) $\varepsilon_i/\varepsilon_e=1/(20-10j)$；(b) $\varepsilon_i/\varepsilon_e=(20-10j)/1$

4.3.4　MGEM 公式与文献实验数据的比较

为了验证 MGEM 公式计算结果与实验测量值的吻合度。分别计算了氧化铁复合材料、聚偏氟乙烯复合材料、干雪与空气混合物的等效介电特性,并与相应文献值进行了对比。

图 4-33 为通过 MGEM 公式计算得到的氧化铁复合材料等效介电参数值与实验结果、经典公式的对比情况[87],其中 $\varepsilon_i=23-j0.26$、$\varepsilon_e=1129-j49$。

图 4-34 为利用 MGEM 公式计算得到的聚偏氟乙烯复合材料等效介电特性数值结果经典公式、颗粒物质呈面心立方分布、简立方分布时的数值结果和实测值的对比情况[188],其中 $\varepsilon_i=2.61-j0.12$,$\varepsilon_e=1$。

图 4-35 为利用 MGEM 公式计算得到的干雪与空气混合物的数值结果和实测值[98]的对比情况,其中 $\varepsilon_i=1$,$\varepsilon_e=3.15-j0.0001$。

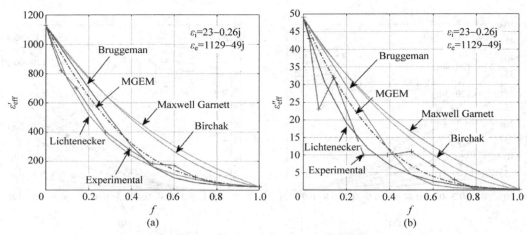

图 4-33　MGEM 公式与部分理论公式计算值和实验值的比较（氧化铁复合材料）

（a）介电常数；（b）损耗因子

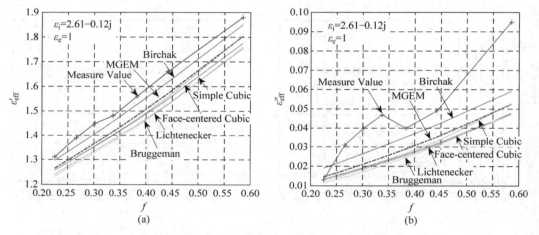

图 4-34　MGEM 公式与部分理论公式计算值和实验值的比较（聚偏氟乙烯复合材料）

（a）介电常数；（b）损耗因子

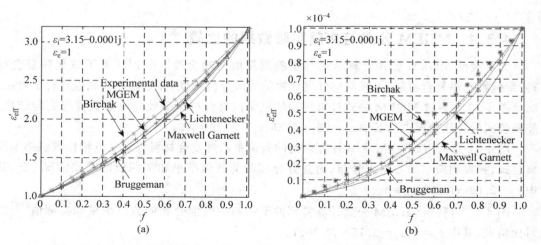

图 4-35　MGEM 公式与部分理论公式计算值和实验值的比较（干雪与空气混合物）

（a）介电常数；（b）损耗因子

图 4-33～图 4-35 表明,对于不同介电特性比及不同组分性质的二元混合物质,MGEM公式所获得的等介电特性与实测值的吻合度相对较好。

从图中也可以看出,所有理论公式的计算结果与实验测量值都存在一定偏离,Nelson认为这与颗粒高阶多极矩贡献和多重散射效应引起的附加损耗有关[188]。对于 MGEM 公式而言,当 $\varepsilon_1'/\varepsilon_e'<1$ 时 MGEM 公式的计算值略大于实验测量值;当 $\varepsilon_1'/\varepsilon_e'>1$ 时,MGEM公式的计算值略小于实验测量值;究其原因,这可能与不同复合材料各组分的物理特性、化学特性有差异和模拟仿真中未考虑填充颗粒界面相的影响有关。图 4-36 表明,在基质和基体的介电常数比确定的情况下,当界面相的介电常数(ε_2')小于基体相的介电常数(ε_1')时(即 $\varepsilon_2'<\varepsilon_1'$),复合材料的等效介电常数($\varepsilon_{\text{eff}}'$)随着界面相的体积分数($f$)和界面厚度($d$)的增大而减少;当 $\varepsilon_2'>\varepsilon_1'$ 时,$\varepsilon_{\text{eff}}'$ 随着 f 和 d 的增大而增大。将颗粒的界面相影响引入数值模型研究中,计算值可能更加接近实验测量值。

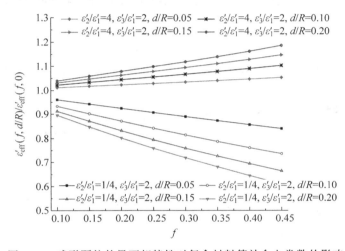

图 4-36　球形颗粒的界面相特性对复合材料等效介电常数的影响

4.3.5　MGEM 公式的实验测量应用验证

使用无校准同轴传输线法测量了室温下农产品(芝麻)的等效介电特性,测量频率范围为 2～6 GHz,芝麻在由芝麻和空气所组成的混合物中的体积分数分别为 48.10%、53.48%、58.82%。测量时,将芝麻颗粒置入 85051B 7 mm/APC-7 同轴空气线(Agilent Technology,马来西亚槟城)中,使用 ZNB20 矢量网络分析仪(R&S,德国慕尼黑)测量芝麻-空气混合物的S 参数,使用水分测量仪(常州衡电有限公司,称重精度为 0.005 g)和排水法分别测定芝麻颗粒的含水率和物质体积,依据无校准同轴传输线理论得到芝麻-空气混合物的介电常数和介电损耗因子如图 4-37 所示;通过 MGEM 公式反演得到芝麻颗粒的介电参数如图 4-38 所示。图示表明,对于不同体积分数的同一待测农产品(芝麻),经 MGEM 反演得到的芝麻颗粒的介电参数基本一致,介电常数和损耗因子的最大偏差都在±5%以内,造成数值结果微小偏差的可能原因是实验过程中存在测量误差。

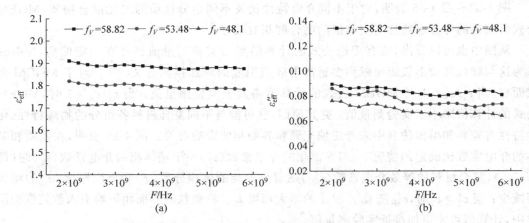

图 4-37　不同体积比下芝麻与空气混合物的等效介电特性的测量值

(a) 介电常数；(b) 损耗因子

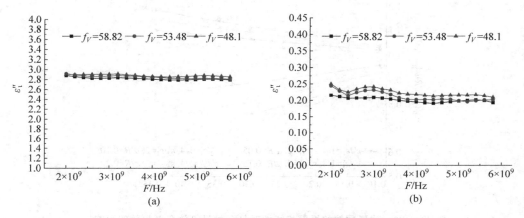

图 4-38　MGEM 公式反演得到的芝麻颗粒介电特性

(a) 介电常数；(b) 损耗因子

4.4　双组分颗粒型混合物等效介电特性的影响因素研究

4.4.1　颗粒物质的随机位置对混合物等效介电特性的影响

利用 MC-FEM 方法，采用 A＋B(球体＋立方体)颗粒随机模型，对 $\varepsilon'_1/\varepsilon'_2=3:1$、$f_V=$ 10%、30%、50%、70%、90% 的混合物进行了计算，数值结果如表 4-1 所示。对于每一个体积分数，计算时都生成 10 组伪随机码，对应 10 个不同的拓扑结构，计算后取其平均值 ($\varepsilon'_{average}$)作为最终结果。定义计算结果最大值和最小值分别为 ε'_{max}、ε'_{min}。结果表明：当体积分数为 50% 时，10 种不同拓扑结构对应的等效介电特性最大值与平均值的比例($\varepsilon'_{max}-\varepsilon'_{average}$)/$\varepsilon'_{average}$ 较大(1.24%)，这是由于该模型中两个相的体积分数均为 50%，导致模型内连续相的体积减小。

表 4-1 不同拓扑结构下混合物等效介电常数计算结果 $\varepsilon_1/\varepsilon_2=1/3$

实验序号	颗粒物质体积分数				
	10%	30%	50%	70%	90%
1	1.1312	1.4406	1.8022	2.2366	2.7480
2	1.1320	1.4415	1.8224	2.2363	2.7442
3	1.1342	1.4537	1.7842	2.2215	2.7426
4	1.1328	1.4523	1.7835	2.2197	2.7468
5	1.1328	1.4495	1.8268	2.2424	2.7434
6	1.1310	1.4616	1.7981	2.2248	2.7423
7	1.1337	1.4559	1.7997	2.2581	2.7444
8	1.1310	1.4399	1.8189	2.2210	2.7411
9	1.1294	1.4345	1.8047	2.2566	2.7465
10	1.1342	1.4415	1.8130	2.2346	2.7743
$\varepsilon'_{average}$	1.1320	1.4477	1.8045	2.2352	2.7444
最大偏差	0.23%	0.96%	1.24%	1.02%	0.13%

为了分析低体积分数条件下随机位置对介电损耗因子的影响,以 A+B(球体+正方体)型混合粒子群为对象,取基体(SiO$_2$)、颗粒物质的介电特性分别为 $\varepsilon_1=\varepsilon'_1-j\varepsilon''_1=3.78-j0.0002$,$\varepsilon_2=5\varepsilon'_1-j(\sigma/\omega\varepsilon_0)$,$\sigma=5.8$ S/m。模拟计算了微波频段 $F\in(10^6,10^{12})$Hz 内体积分数(f_V)分别为 3.52%、6.33%、9.05% 时颗粒随机分布硅基混合物的等效介电特性。对于每一个体积分数,计算时都生成 10 组伪随机码,对应 10 个不同的拓扑结构,定义每次计算结果中介电常数和介电损耗的值分别为 ε'_{eff}、ε''_{eff},每一体积分数 10 次计算后的介电常数和介电损耗平均值分为 $\varepsilon'_{average}$、$\varepsilon''_{average}$,计算结果如图 4-39 所示。

图 4-39 表明,在低体积分数条件下:

(1) 颗粒的位置随机性对混合物介电常数有影响,但影响不明显,如图 4-39(a)所示,在计算范围内,$\varepsilon'_{eff}/\varepsilon'_{average}$ 最大变化幅度为 ±0.3%,随着体积分数 f_V 的增大,$\varepsilon'_{eff}/\varepsilon'_{average}$ 变化幅度逐渐减小,当 $f_V=9.05\%$ 时,$\varepsilon'_{eff}/\varepsilon'_{average}$ 降低到 ±0.1% 以内。

(2) 颗粒的位置随机性对混合物介电损耗因子有较大影响。如图 4-39(b)所示,当 $f_V<5\%$ 时,$\varepsilon''_{eff}/\varepsilon''_{average}$ 变化幅度相对较大,最大变化幅度为 5.2%,随着 f 的增大,$\varepsilon''_{eff}/\varepsilon''_{average}$ 变化幅度逐渐减小,当 $f_V=9.05$ 时 $\varepsilon''_{eff}/\varepsilon''_{average}$ 的幅度变化降低到 ±1.5% 以内。

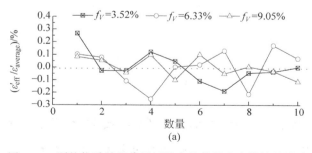

图 4-39 颗粒物质随机位置对混合物等效介电特性的影响

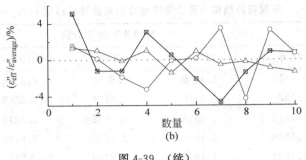

图 4-39 （续）

综上所述，颗粒的位置分布对混合物的介电特性有一定影响，因此，对位置随机分布的混合物的等效介电特性进行模拟计算时，应取多次计算结果的平均值而不是某一次的计算结果作为待求混合物的等效介电特性。

4.4.2　颗粒物质的体积分数对混合物等效介电特性的影响

采用 A＋B（球体＋立方体）随机模型，取基体相（SiO_2）、颗粒相介电特性分别为 $\varepsilon_1 = \varepsilon_1' - j\varepsilon_1'' = 3.78 - j0.0002$，$\varepsilon_2 = 5\varepsilon_1' - j(\sigma/\omega\varepsilon_0)$，$\sigma = 5.8$ S/m。模拟计算微波频段 $F \in (10^6, 10^{12})$ Hz 内，体积分数（f_V）分别为 3.05%、5.39%、7.24%、9.99%、13.18% 时颗粒相随机分布混合物的等效介电特性，计算结果如图 4-40 所示。

图 4-40 表明，随着体积分数的增大，混合物等效介电常数增大，且在低频区域增加趋势更明显。在 $10^9 \sim 10^{10}$ Hz 频率范围内，介电损耗因子出现峰值，且峰值随体积分数的增大而增大。当 f_V 取不同的值时，混合物低频峰值对应的中心频率处于 2.45×10^9 Hz 附近，表明体积分数变化对混合物等效介电特性的影响较大，而对其吸收峰中心频率的影响则相对较小。

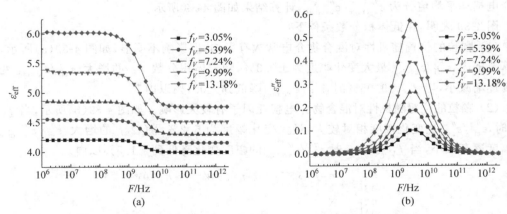

图 4-40　颗粒物质的体积分数对双组分混合物等效介电常数的影响
(a) 介电常数；(b) 损耗因子

4.4.3　颗粒物质的电导率对混合物等效介电特性的影响

采用 A＋B（球体＋立方体）随机模型，选取包裹相 SiO_2、颗粒相介电特性分别为 $\varepsilon_1 = \varepsilon_1' - j\varepsilon_1'' = 3.78 - j0.0002$，$\varepsilon_2 = 5\varepsilon_1' - j(\sigma/\omega\varepsilon_0)$，$f_V = 5.1\%$。模拟计算了微波频段 $F \in (10^6,$

10^{12})Hz 内电导率 σ 分别为 0.058 S/m、0.58 S/m、5.8 S/m 时颗粒随机分布混合物的等效介电特性,计算结果如图 4-41 所示。

图 4-41 表明,随着电导率的增加,混合物介电常数($\varepsilon'_{\text{eff}}$)的最大值保持不变,但拐点向高频方向延伸,当电导率从 0.058 S/m 变化到 5.8 S/m 时,混合物介电损耗因子的峰值对应的中心频率从 10^7 Hz 变化到 10^{10} Hz,但吸收峰的幅度变化较小,受电导率的影响较小。因此,通过改变颗粒物质的电导率,可以改变混合物损耗因子峰值的频率位置,但对混合物等效介电特性的大小影响较小。

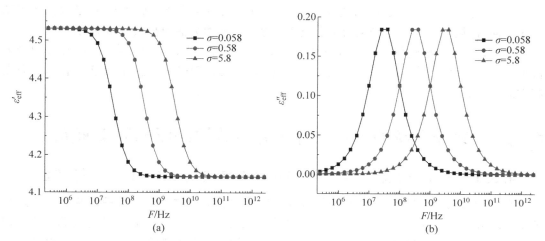

图 4-41　颗粒物质电导率对混合物等效介电特性的影响
(a) 介电常数;(b) 损耗因子

4.4.4　颗粒物质的介电特性对混合物等效介电特性的影响

采用 A+B(球体+立方体)随机模型,取 $f_V=5.39\%$,$\sigma=5.8$ S/m,$F\in(10^6,10^{13})$Hz,基体相(SiO_2)的介电特性为 $\varepsilon_1=\varepsilon'_1-j\varepsilon''_1=3.78-j0.0002$,仿真计算颗粒物质的介电参数为 ε_2 分别为 $5\varepsilon'_1-j(\sigma/\omega\varepsilon_0)$、$1/(5\varepsilon'_1-j(\sigma/\omega\varepsilon_0))$ 时混合物的等效介电特性,计算结果如图 4-42 所示。

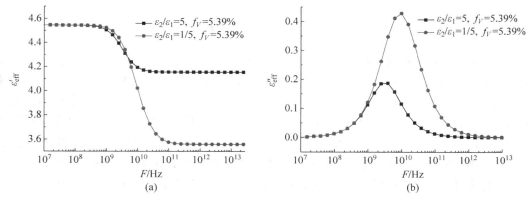

图 4-42　颗粒物质的介电常数对混合物等效介电特性的影响
(a) 介电常数;(b) 损耗因子

图 4-42 表明,低频区 $\varepsilon_2/\varepsilon_1$ 的变化对混合物等效介电常数最大值 $\varepsilon'_{eff,max}$ 影响不大,但随着 $\varepsilon_2/\varepsilon_1$ 的减小,$\varepsilon'_{eff,max}$ 向高频方向移动,最小值 $\varepsilon'_{eff,min}$ 减小明显;$\varepsilon_2/\varepsilon_1$ 的变化对混合物等效介电损耗因子的最大值 $\varepsilon''_{eff,max}$ 有较大影响,随着 $\varepsilon_2/\varepsilon_1$ 的减小,$\varepsilon''_{eff,max}$ 增大且中心频率向高频方向移动。

综上分析可知,对于双组分颗粒型混合物:

(1) 颗粒物质(夹杂相)的空间位置、体积分数变化对混合物等效介电特性有一定影响,与规则分布时相比,颗粒物质位置随机模型的计算值更接近实验值。

(2) 随着颗粒物质(夹杂相)电导率的增加,混合物的等效介电常数 ε'_{eff} 的最大值向高频方向延伸,损耗因子 $\varepsilon''_{eff,max}$ 峰值的中心频率随电导率的增大而向高频方向移动。

(3) 随着颗粒物质与包裹相的介电常数比 $\varepsilon_2/\varepsilon_1$ 的减小,混合物等效介电常数的最大值 $\varepsilon'_{eff,max}$ 的数值保持不变,但拐点向高频方向延伸,损耗因子 $\varepsilon''_{eff,max}$ 增大且中心频率向高频方向移动。

4.5 三组分颗粒型混合物等效介电特性的影响因素研究

4.5.1 三组分颗粒型混合物等效介电特性的 MC-FEM 计算模型

在农产品微波热加工中,有时必须将两种或两种以上的颗粒状农产品混合在一起进行加工处理,因此,研究多元颗粒型混合物料的等效介电特性具有一定的理论意义和实际应用价值。使用随机模型计算三相混合物的等效介电特性,三维模型如图 4-43 所示,模型中体积分数固定、介电性能不同的多种颗粒物质以不同的结构形状随机分布在基体中。

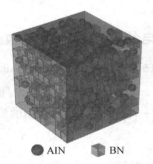

● AIN   ■ BN

图 4-43 SiO_2-AIN-BN(7∶1∶2)颗粒混合物模型图

选取相关文献中报道的硅基氮化物陶瓷复合材料(SiO_2-AIN-BN)为研究对象,设定基体相为 $SiO_2(\varepsilon=4.2-j0.002)$,球体颗粒为第一夹杂相 AIN($\varepsilon_{AIN}=8.8-j0.076$),立方体颗粒为第二夹杂相 BN($\varepsilon_{BN}=5-j0.040$)。选取基体相、第一夹杂相和第二夹杂相的体积分数 f_{SiO_2}∶f_{AIN}∶$f_{BN}=7∶1∶2$,计算 10 次后取平均值,得到 SiO_2-AIN-BN 复合材料的等效介电特性为 $\varepsilon_{eff}=4.7286-j0.0267$,计算结果与文献[202]中所报道的实测值相吻合[202],说明 MC-FEM 方法可以有效分析颗粒型多元混合物的等效介电特性。

在此模型中,设定基体、立方体和球体的介电特性分别为 ε_1、ε_2、ε_3 且立方体与球体的体积相等,并在以下章节中讨论颗粒物质的物理特性物性对混合物介电特性和局域场分布的影响。

4.5.2 颗粒物质的体积分数对三组分混合物等效介电特性的影响

取 $\sigma = 5.8 \times 10^{-3}$ S/m，$\varepsilon_1 = 1$、$\varepsilon_2 = 1 - \mathrm{j}(\sigma/\omega\varepsilon_0)$、$\varepsilon_3 = 10 - \mathrm{j}(\sigma/\omega\varepsilon_0)$，仿真了体积分数 (f_V) 对混合物等效介电特性的影响，结果如图 4-44 所示。从图中可以看出，混合物的等效介电常数随着体积分数的增大而增加，且在低频区域增加趋势更明显。在 $10^6 \sim 10^9$ Hz 频率范围内，介电损耗因子出现峰值，且峰值随体积分数的增大而增大，当 $f_V > 0.3$ 时，峰值变化幅度的增大趋势明显。当 $f_V = 0.05$ 时，低频峰值对应中心频率为 2.51×10^7 Hz；当 $f_V = 0.45$ 时，低频峰值对应中心频率为 1.58×10^7 Hz，表明体积分数变化对混合物等效介电常数的大小影响较大，而对其吸收峰中心频率的影响较小。

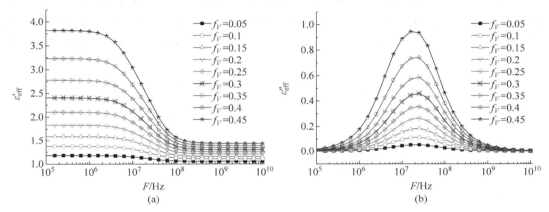

图 4-44　颗粒物质的体积分数对三组分混合物等效介电特性的影响
（a）介电常数；（b）损耗因子

4.5.3 颗粒物质的电导率对三组分混合物等效介电特性的影响

取 $f_V = 0.2$，$\varepsilon_1 = 1$、$\varepsilon_2 = 1 - \mathrm{j}(\sigma/\omega\varepsilon_0)$、$\varepsilon_3 = 10 - \mathrm{j}(\sigma/\omega\varepsilon_0)$，仿真了不同频率范围内颗粒物质电导率 (σ) 对混合物等效介电特性的影响，结果如图 4-45 所示。从图中可以看出，随着

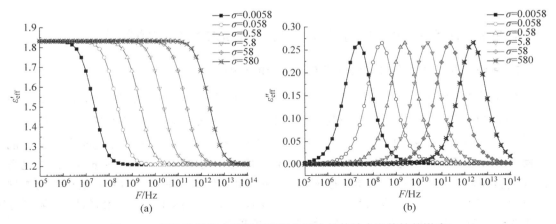

图 4-45　颗粒物质的电导率对三组分混合物等效介电特性的影响
（a）介电常数；（b）损耗因子

颗粒物质电导率的增加,混合物介电常数的最大值向高频方向延伸,当电导率从 0.0058 S/m 增加到 580 S/m 时,混合物等效损耗因子的峰值对应的中心频率从 10^7 Hz 变化到 10^{13} Hz。结果表明:通过改变颗粒物质的电导率,可以改变混合物吸收峰的位置,但对混合物等效介电特性的大小影响非常小。

4.5.4 颗粒物质电导率和体积分数对三组分混合物等效介电特性的影响

选取 $F=2.45$ GHz,$\varepsilon_1=1$,$\varepsilon_2=1-j(\sigma/\omega\varepsilon_0)$,$\varepsilon_3=10-j(\sigma/\omega\varepsilon_0)$,仿真了体积分数 $f_V\in(0.05,0.45)$ 及电导率 $\sigma\in(5.8\times10^{-3},5.8\times10^6)$ S/m 范围内下混合物的等效介电特性,结果如图 4-46 所示。从图中可以看出,随着颗粒物质体积分数增大,混合物的等效介电常数和损耗因子增大。随着颗粒物质电导率的增大,混合物的等效介电常数增大,但损耗因子有可能增大有可能减小,如图所示,不同数量级的电导率参数,在计算体积分数区域内似乎形成了以 5.8×10^{-3},0.58,5.8×10^3 S/m 为中心线的聚集区,具体机制仍有待进一步研究。

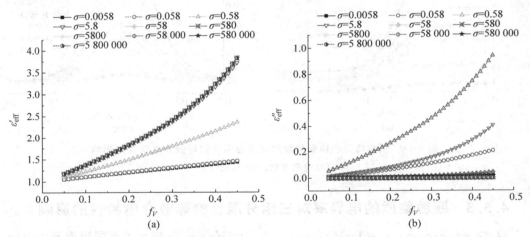

图 4-46　颗粒物质的电导率和体积分数对三组分混合物等效介电特性的影响
(a) 介电常数; (b) 损耗因子

4.5.5 颗粒物质特性对三组分混合物局域场分布的影响

1. 颗粒物质的体积分数和电导率对局域场的影响

为分析颗粒物质的体积分数和电导率对局域场的影响,取 $F=2.45$ GHz,$\varepsilon_1=1$,$\varepsilon_2=1-j(\sigma/\omega\varepsilon_0)$、$\varepsilon_3=10-j(\sigma/\omega\varepsilon_0)$,仿真了体积分数 $f_V\in(0.05,0.45)$ 和电导率 $\sigma\in(5.8\times10^{-3},5.8\times10^7)$ S/m 范围内混合物内的电场分布情况。不同体积分数和电导率条件下混合物内最大电场场值情况见图 4-47,可以看出,当填充相电导率大于 5.8 S/m 时,最大电场值(E_{max})随体积分数的增大而单调递增,而且最大电场值几乎完全重合;当填充相的电导率小于 0.58 S/m 时,材料内的最大电场急剧减小,其变化受体积分数的影响小,表明颗粒物质的电导率越高,颗粒混合物中局域场增强现象越明显。

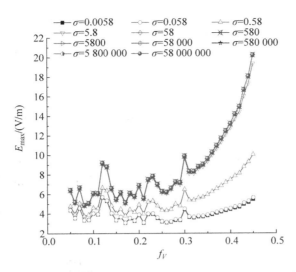

图 4-47　颗粒物质的电导率和体积分数对电场分布的影响

2. 颗粒物质的电导率对局域场分布的影响

为分析颗粒物质的电导率对局域场的影响,取 $F = 2.45 \times 10^7$ Hz、$f_V = 0.4$、$\sigma \in (5.8 \times 10^{-3}, 5.8 \times 10^7)$ S/m 进行了计算,得到不同电导率下局域场的最大值、最小值和最大值与最小值的比值情况分别如图 4-48 所示,从图 4-48(a)、(b)可以看出,不同电导率颗粒物质对混合物内电场的峰值影响不大,但峰值对应的中心频率随着电导率的增加呈现向高频方向移动现象。从图 4-48(c)可以看出,对于颗粒物质体积分数相同的混合物,同一电导率对应的最大电场值和较小电场值都集中在低频区域,电导率越高,同一频率点对应的最大值与最小值的比值越大。

为了直观地观察电导率变化对局域场分布的影响,取电导率分别为 5.8×10^3、0.58、5.8×10^{-3} S/m 进行计算,在 z 平面内电场分布为:

(1) 当 $\sigma = 5.8 \times 10^3$ S/m 时,混合物内的最大电场集中在导电颗粒间,其值为 2.76 V/m,导电颗粒内电场最小,其值为 1.71×10^{-3} V/m,最大与最小电场的比值为 1614。

(2) 当电导率为 $\sigma = 5.8$ S/m 时,导电相导电性能差,材料内最大(2.76 V/m)与最小电场(9.4×10^{-3} V/m)之比为 293.62。

(3) 当电导率为 $\sigma = 5.8 \times 10^{-3}$ S/m 时,电场增强效应减弱,最大和最小电场之比为 7.84,并且填充材料内部电场增大。当所选取的频率向低频方向移动时,同一电导率下最大电场和最小电场的比值急剧增大。

3. 颗粒物质的体积分数对局域场的影响

选取 $\sigma = 5.8 \times 10^{-3}$ S/m,$\varepsilon_1 = 1$、$\varepsilon_2 = 1 - \mathrm{j}(\sigma/\omega\varepsilon_0)$、$\varepsilon_3 = 10 - \mathrm{j}(\sigma/\omega\varepsilon_0)$,仿真计算了体积分数 $f_V \in (0.1, 0.4)$ 范围内混合物局域场最大值、最小值和平均值情况如图 4-49 所示。

图 4-49(a)表明,在计算频率范围内,混合物内电场的最大值随着体积分数的增大而增

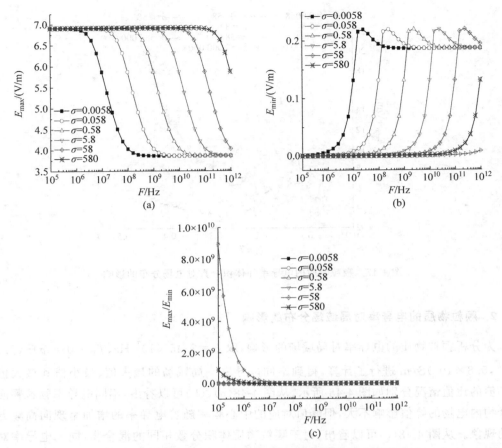

图 4-48　不同频率下颗粒物质的电导率对局域场分布的影响
（a）电场模最大值；（b）电场模最小值；（c）电场模最大值/最小值的比值

大,在低频区域,局域场的最大值随体积分数的增加幅度明显；在高频率区域,频率和体积分数对局域场的最大值影响较小；在中心频率点附近,局域场的最大值随频率呈线性减小趋势。

图 4-49(b)表明,在计算频率范围内,混合物电场的最小值以中心频率为界呈现不同的特征,在低频区域,局域场的最小值随频率的增大而增大,且随体积分数的增大呈较小幅度增大趋势；在高频率区域,频率对混合物内局域场的最小值影响较小,但局域场最小值随体积分数的增大呈较小幅度减小趋势；在中心频率点附近,混合物内局域场的最小值达到整个计算频域内的极值。

图 4-49(c)表明,在计算频率范围内,混合物电场的平均值以中心频率为界,在低频区域,电场的平均值随频率的增加而增加,过了中心频率点后,电场的平均值随频率的增加而减少。体积分数越大,局域电场强度的变化幅度越大。

4. 颗粒物质的形状对局域场的影响

为便于观测平面内场分布的宏观情况,以三组分混合物颗粒规则分布模型为对象,选取3 种结构不同但体积分数相同的颗粒物质分布在同一基体上的混合物模型进行了计算,颗

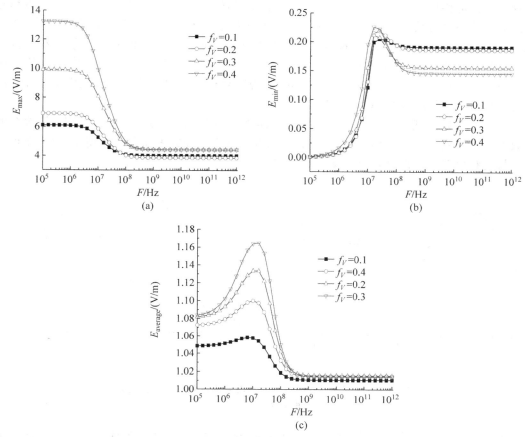

图 4-49　不同频率下颗粒物质的体积分数对局域场分布的影响

（a）电场模最大值；（b）电场模最小值；（c）电场模平均值

粒物质分布情况如图 4-50 所示，其中 Case 1 由两组体积相同但介电特性不同的球体组成、Case 2 由体积相同但介电特性不同的立方体和球体组成、Case 3 为内外层体积相同但介电特性不同的球形组成的壳核结构，3 个模型中，颗粒物质的总体积分数相同，且同一类颗粒物质的体积相同。

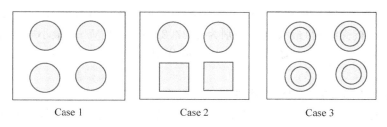

图 4-50　不同结构形状的颗粒物质规则化分布模型图

选择 $\sigma = 0.0058\ \mathrm{S/m}$，$f_V \in (0.05, 0.45)$，$\varepsilon_1 = 1$、$\varepsilon_2 = 1 - \mathrm{j}(\sigma/\omega\varepsilon_0)$、$\varepsilon_3 = 10 - \mathrm{j}(\sigma/\omega\varepsilon_0)$ 进行混合物的等效介电特性模拟计算，结果表明，随着 f_V 的变化，3 种结构呈现出与 4.5.5 节所述类似的变化规律，但也有区别。图 4-51 显示了当 $f_V = 0.45$ 时，三种结构对应的混

合物等效介电特性计算结果。图 4-51 表明：在低频区域，Case 2 比 Case 1、Case 3 获得相对较高的等效介电常数，而 Case 1、Case 3 的介电常数基本保持不变；在高频区域，Case 3 比 Case 1、Case 2 能获得相对较高的等效介电常数，而 Case 1、Case 2 的介电常数基本保持不变；在中心频率附近，等效介电损耗因子峰值大小为 Case 2＞Case 1＞Case 3，但峰值对应的中心频率大小为 Case 1＞Case 2＞Case 3。说明结构形状差异较大的颗粒物质组成的混合物，能获得相对较大的等效介电特性。

拓展计算表明，随着电导率的增大，同一体积比的 Case 1、Case 2、Case 3 中，等效介电常数的峰值不变化，但峰值对应的中心频率随频率现出向高频方向移动的现象，此规律可为设计特定频率范围的混合物提供依据。

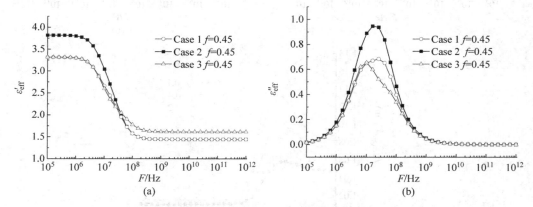

图 4-51　不同结构形状颗粒物质对混合物等效介电特性的影响
(a) 介电常数；(b) 损耗因子

为了观察颗粒物质的形状对电场分布的影响，选取体积分数为 45%、电导率分别为 5.8×10^3、0.58、5.8×10^{-3} S/m，分别对上述 Case 1、Case 2、Case 3 模型进行了计算，不同模型在平面 z 内的电场分布如图 4-52。图 4-52 表明，在体积分数相同的条件下，当电导率分别为 5.8×10^3、0.58、5.8×10^{-3} S/m 时：

(1) Case 1（球体）最大电场分别为 2.26、2.26、1.84 V/m，最小电场分别为 4.98×10^{-3}、0.01、0.26 V/m，最大电场和最小电场比值分别为 454、226、7.08。

(2) Case 2（球体＋立方体）最大电场分别为 2.76、2.76、1.96 V/m，最小电场分别为 1.71×10^{-3}、9.41×10^{-3}、0.25 V/m，最大电场和最小电场比值分别为 1610、294、7.84。

(3) Case 3（核壳结构）最大电场分别为 2.27、2.27、1.08 V/m，最小电场分别为 4.88×10^{-3}、0.03、0.9 V/m，最大电场和最小电场比值分别为 465、75.7、1.2。

分析可得：

(1) 导电相的形状影响混合物内的局域场分布。

(2) 在体积分数相同的条件下，混合物内都存在电导率越大局域场增强效应越明显的规律。

(3) 在体积分数和电导率都相同的条件下，导电相的形状差异越大（如 Case 2），对局部电场局域场增强效应越明显。

综上分析可得，对于多组分颗粒型混合物：

(1) 随着颗粒物质的电导率增加，混合物等效介电常数和等效介电损耗因子的最大值

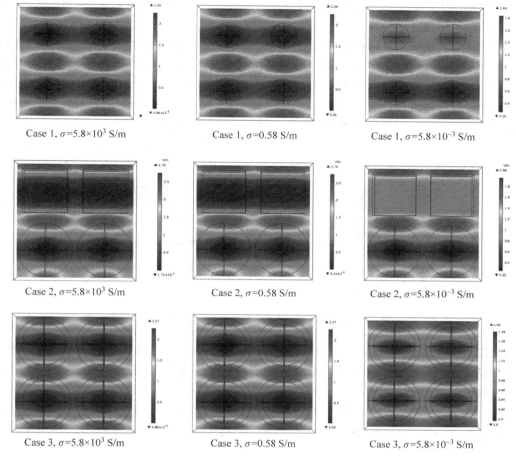

图 4-52　不同结构形状夹杂颗粒物质的电导率对三组分混合物局域场分布的影响

都向高频方向移动,通过改变颗粒物质的电导率,可以非常方便地改变混合物介电损耗因子的峰值位置。

(2) 随着颗粒物质体积分数的增大,混合物等效介电常数增大且在低频区域增大趋势明显。等效介电损耗因子的峰值随体积分数的增大而增大。颗粒物质的体积分数变化对混合物等效介电常数的大小影响较大,而对其吸收峰中心频率的影响较小。

(3) 颗粒物质的体积分数和电导率对混合物的等效介电特性有影响,且等效介电常数的变化与体积分数和电导率成正比。但选取不同数量级的电导率参数,在计算体积分数区域内似乎形成了以 $5.8×10^{-3}$、0.58、$5.8×10^{3}$ S/m 为中心线的聚集区,其具体机制有待今后进一步研究。

4.6　核壳颗粒型混合物等效介电特性的影响因素研究

4.6.1　核壳颗粒物质的壳层厚度对混合物等效介电特性的影响

在农业工程领域,许多农产品颗粒以壳＋核的形式而存在,如夏威夷果、山核桃等。严格意义上讲,绝大多数的颗粒农产品都可视为由基质层和与外壳层组成的核壳结构型物质,它们的区别在于外壳层在物质本身中的厚度和物理特性不相同,如夏威夷果、由黑色外壳包裹着白色果仁的黑芝麻颗粒等。

对这类物料进行微波辅助处理时,有必要考虑壳层的存在对物质自身介电特性的影响,图 4-53 显示了放置于空气中的壳核结构颗粒物料(夏威夷果)等效介电特性模型,人们常常将核壳颗粒填充混合物简化为图 4-53 所示的等效均匀连续介质,进而使用颗粒混合物的等效介电性质指导微波辅助应用,图中 ε_{air} 为基体相(空气)的介电特性,ε_2 和 ε_3 分别为颗粒物质(夏威夷果)的壳层和核层介电特性且设定 $\varepsilon_2 = \varepsilon_0(\varepsilon_2' - j\varepsilon_2'') = 1.5 - j(\sigma_2/2\pi F\varepsilon_0)$、$\varepsilon_3 = \varepsilon_0(\varepsilon_2' - j\varepsilon_2'') = 10 - j(\sigma_3/2\pi F\varepsilon_0)$(下同),$\sigma_2$ 和 σ_3 分别为颗粒物质的壳层和核层的电导率,ε_{eff} 为混合物料的等效介电特性。

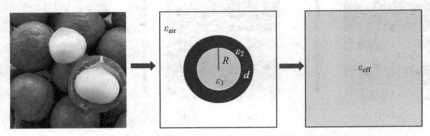

图 4-53　放置于空气中的壳核型颗粒(夏威夷果)混合物等效介电特性模型

设定体积分数 $f_V = 0.3$、$\sigma_2 = 0.1$ S/m、$\sigma_3 = 10$ S/m,通过改变壳层和核层的厚度比 $t(t = d/R)$,仿真了混合物等效介电特性随壳层厚度的变化情况,仿真结果如图 4-54 所示。图示表明:

(1) 随壳层厚度 t 增大,低频区域混合物等效介电常数 ε_{eff}' 变化不大;高频区域 ε_{eff}' 随 t 增大而减少,当频率到达某一固定点($F_0 = 1 \times 10^{11}$ Hz)时,不同 t 值所对应的 ε_{eff}' 不随频率的变化而变化。

(2) 混合物等效介电损耗因子 ε_{eff}'' 以 $F_1 = 3.98 \times 10^9$ Hz 为分界,在 F_1 两侧出现两个吸收峰,低频吸收峰幅度大于高频吸收峰幅度,且随着 t 的增大低频吸收峰迅速增加而高频率吸收峰迅速减少,当 $t \geqslant 0.4$ 时高频吸收峰消失。说明改变壳层厚度可以在特定频段内选择吸收峰的中心频率,可调整低频和高频吸收峰幅度。

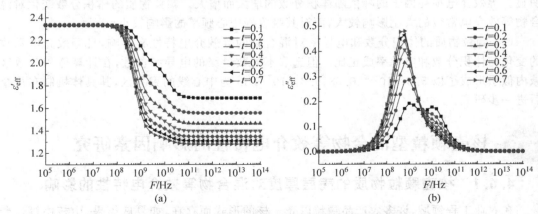

图 4-54　壳层厚度对混合物等效介电特性的影响
(a) 介电常数 ε_{eff}';(b) 损耗因子 ε_{eff}''

4.6.2　核壳颗粒物质的壳层体积分数对混合物等效介电特性的影响

设定 $\sigma_2 = 0.1\ \text{S/m}$、$\sigma_3 = 10\ \text{S/m}$、$t = 0.1$，仿真了壳层的体积分数 f_V 的变化对混合物等效介电特性的影响，仿真结果如图 4-55 所示。图示表明：

（1）随体积分数 f_V 的增大，混合物的介电常数 $\varepsilon'_{\text{eff}}$ 增大，但对于某一固定的体积分数，$\varepsilon'_{\text{eff}}$ 随频率的增大而减少。

（2）在 $10^7 \sim 10^{12}\ \text{Hz}$ 频率范围内，混合物的介电损耗因子 $\varepsilon''_{\text{eff}}$ 出现 2 个吸收峰，无论是高频吸收峰还是低频吸收峰，都是随着体积分数的增大而增大；但随体积分数增加，高频吸收峰对应的中心频率（$1 \times 10^{10}\ \text{Hz}$）和低频吸收峰所对应的中心频率（$1 \times 10^9\ \text{Hz}$）变化不大，说明颗粒体积分数的变化主要影响混合物等效介电常数的大小，而对其吸收峰中心频率变化的影响较小。

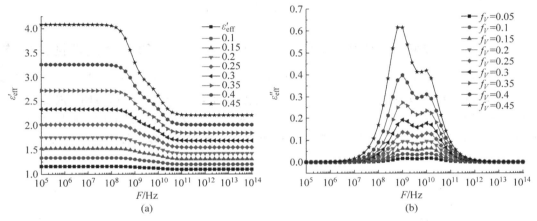

图 4-55　壳核型颗粒的体积分数对混合物等效介电特性的影响
（a）介电常数；（b）损耗因子

4.6.3　核壳颗粒物质的壳层电导率对混合物等效介电特性的影响

设定 $f_V = 0.3$、$\sigma_3 = 10\ \text{S/m}$、$t = 0.2$，仿真了壳层材料的电导率 σ_2 的变化对混合物介电特性的影响如图 4-56 所示。图示表明：

（1）随着 σ_2 的变化，混合物的介电常数的最大值 $\varepsilon'_{\text{eff,max}}$ 保持不变。当 $\sigma_2 < \sigma_3$ 时混合物的介电常数最小值 $\varepsilon'_{\text{eff,min}}$ 保持不变；当 $\sigma_2 > \sigma_3$ 时 $\varepsilon'_{\text{eff,min}}$ 保持不变但与 $\sigma_2 = \sigma_3$ 时相比数值稍增大。

（2）随着 σ_2 的变化，$\sigma_2 \neq \sigma_3$ 时混合物中出现了 2 个吸收峰，当 σ_2 从 0.001 变化到 10^3 时，低频吸收峰的中心频率从 $6 \times 10^6\ \text{Hz}$ 变化到 $2 \times 10^{12}\ \text{Hz}$。这表明通过改变壳层的电导率，可以灵活地改变吸收峰的位置，这为特定电特性物质微波热处理方案的制定提供参考。

（3）当 $\sigma_2 < \sigma_3$ 时，低频吸收峰随电导率的增大而增大且向高频方向移动，高频吸收峰随电导率的增大而保持不变；当 $\sigma_2 > \sigma_3$ 时低频吸收峰随电导率的增大保持不变但向高频方向移动，高频吸收峰随电导率的增大而稍微增大且向高频方向移动。

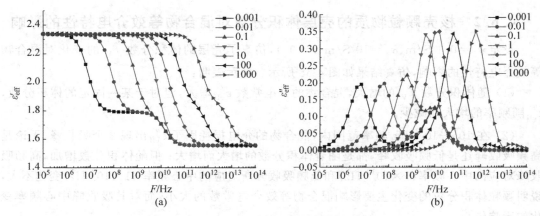

图 4-56　壳层电导率对混合物等效介电特性的影响

（a）介电常数；（b）损耗因子

4.6.4　核壳颗粒物质的包裹相介电常数对混合物等效介电特性的影响

当 $f_V=0.3$、$\sigma_2=0.1\ \mathrm{S/m}$、$\sigma_3=10\ \mathrm{S/m}$、$t=0.2$ 时，改变基体（包裹）相物质的介电常数 ε'_1，仿真得到了混合物等效介电特性随频率的变化如图 4-57 所示。图示表明：混合物的介电常数 $\varepsilon'_{\mathrm{eff}}$ 随 ε'_1 的增大而增大，介电损耗因子 $\varepsilon''_{\mathrm{eff}}$ 的低频吸收峰值随 ε'_1 的增大而增大且中心频率向低频方向移动；当 $\varepsilon'_1 \leqslant 10$ 时高频方向出现微小吸收峰但峰值较小。

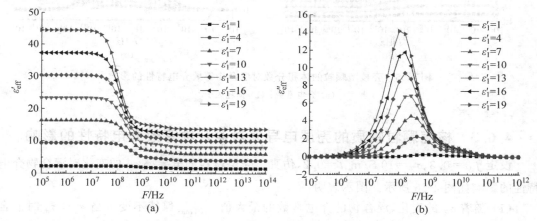

图 4-57　包裹相物质的介电常数对核壳物质等效介电特性的影响

（a）介电常数 $\varepsilon'_{\mathrm{eff}}$；（b）损耗因子 $\varepsilon''_{\mathrm{eff}}$

4.6.5　核壳颗粒物质的内核介电常数对混合物等效介电特性的影响

当 $f_V=0.3$、$\sigma_2=0.1\ \mathrm{S/m}$、$\sigma_3=10\ \mathrm{S/m}$、$t=0.2$ 时仿真了内核的介电常数 ε_3 变化时混合物等效介电特性的影响，结果如图 4-58 所示。图示表明：

（1）随着 ε_3 的增大，混合物等效介电常数的最大值 $\varepsilon'_{\mathrm{eff,max}}$ 出现在低频区域且数值变化不明显，但 $\varepsilon'_{\mathrm{eff}}$ 在计算的频率区间内出现多个交点；高频区域的 $\varepsilon'_{\mathrm{eff}}$ 随着 ε_3 的增大而

增大。

（2）取 $\varepsilon_3 \in (1,19)$ 进行计算，混合物的介电损耗因子 ε''_{eff} 在 $10^7 \sim 10^{11}$ Hz 频率范围内出现 2 个明显的吸收峰，高频吸收峰随着 ε_3 的增大而增大并逐渐趋于饱和；低频吸收峰随 ε_3 的减小而增大并向高频偏移，当 $\varepsilon_3 = 1$ 时高频吸收峰消失。

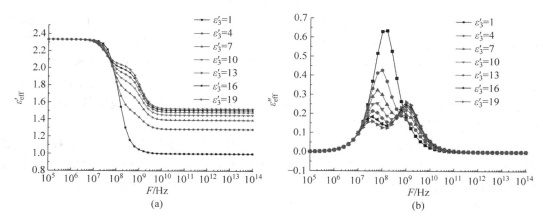

图 4-58　颗粒物质的内核介电常数对混合物等效介电特性的影响
(a) 介电常数 ε'_{eff}；(b) 损耗因子 ε''_{eff}

综上分析可得，对于核壳颗粒混合物：

（1）壳层和核层的介电特性对混合物的介电特性和吸收峰有较明显的影响，在对这类物料进行微波辅助处理时，有必要考虑壳层的存在对物质自身介电特性的影响。

（2）改变壳层和内核的厚度比 t，混合物等效损耗因子 ε''_{eff} 以 $F_1 = 3.98 \times 10^9$ Hz 为分界出现 2 个吸收峰，低频吸收峰幅度大于高频吸收峰幅度，且随着 t 的增大低频吸收峰迅速增加而高频率吸收峰迅速减少，当 $t \geqslant 0.4$ 时高频吸收峰消失。说明改变壳层厚度可以在特定频段内选择吸收峰的中心频率，可调整低频和高频吸收峰幅度。

（3）随壳层体积分数 f_V 的增大，混合物的介电常数 ε'_{eff} 增大，介电损耗因子 ε''_{eff} 出现 2 个吸收峰，无论是高频吸收峰还是低频吸收峰，都是随着体积分数的增大而增大，但峰值对应的中心频率变化不大，说明颗粒物质体积分数的变化主要影响混合物等效介电常数的大小，而对其吸收峰中心频率的影响较小。

（4）随着 σ_2 的变化，混合物中出现了 2 个吸收峰，当 σ_2 从 0.001 变化到 10^3 时，低频吸收峰的中心频率从 6×10^6 Hz 变化到 2×10^{12} Hz，表明通过改变壳层的电导率，可以灵活地改变吸收峰的位置，这为特定电特性物质微波热处理方案的制定提供参考。

（5）改变基体（包裹）相物质的介电常数 ε'_1，混合物的介电常数 ε'_{eff} 随 ε'_1 的增大而增大，介电损耗因子 ε''_{eff} 的低频吸收峰值随 ε'_1 的增大而增大且中心频率向低频方向移动，ε'_1 的变化主要影响混合物的介电特性大小。

（6）内核的介电常数 ε_3 变化时，高频区域的 ε'_{eff} 随着 ε_3 的增大而增大，介电损耗因子 ε''_{eff} 出现 2 个明显的吸收峰，高频吸收峰随着 ε_3 的增大而增大并逐渐趋于饱和；低频吸收峰随 ε_3 的减小而增大并向高频偏移，当 $\varepsilon_3 = 1$ 时高频吸收峰消失。

颗粒堆积型农业物料等效介电特性模型研究

4.7.1　颗粒堆积型农业物料等效介电特性的 DEM-FEM 方法

在农业工程的实际应用中,农产品(如稻米、小麦、玉米等)籽粒多为颗粒物质,这些物质在储藏、输送、加工过程中都涉及颗粒堆积[2],与工业复合材料中颗粒的空间分布形式(均匀分布或随机分布)不同,许多粮食籽粒、食品颗粒及饲料颗粒在空气中是以颗粒堆积的形式存在,且颗粒自身的物理属性对物料的等效介电特性有影响,因此,即使是采用相对比较成熟的工业复合材料介电特性数值模型或混合公式来预测农产品的介电特性,所得到的预测值与测量值之间仍存在较大的误差。

如果将传统的工业颗粒填充混合物(复合材料)仿真模型拓展应用到农业工程领域,面临两个方面的现实问题。一是与工业复合材料中颗粒的随机(或均匀)分布形式不同,谷物籽粒在储藏、加工过程中是以自然落料堆积的形式存在,在相应的仿真研究中需要借助离散元技术、有限元流体技术等获得颗粒的自然堆积状态,使模拟颗粒的空间分布与谷物真实存在状态相吻合。二是农产品籽料多为非球体颗粒(如稻米、小麦籽粒为椭球状,玉米籽粒为多结构等),如果采用传统的球体模型进行模拟仿真,则离散单元与实际物料差别较大,但是,非球体颗粒模型的本构关系很难建立、数据结构烦琐、接触判断复杂,相关的技术方法需要研究者开发。

为了节约研究成本,探究适合于分析堆积型农业物料等效介电特性的仿真模型(简称为堆积模型),本节以颗粒状农产品为对象,融合了离散元法(distinct element method,DEM)、有限元法(finite element method,FEM)和平均能量法(average energy method,AEM)等技术方法的优越性,采用 DEM 模拟谷物籽料的自然堆积状态,获得颗粒空间分布的位置坐标和方向分布矩阵数据,基于 Comsol 软件构建了谷物籽料/空气混合物等效介电特性的 FEM 模拟模型,采用 AEM 进行数值求解,并对堆积模型的有效性进行了验证。

1. 颗粒堆积分布型农业物料的离散元模拟模型

模拟颗粒离散元建模:以稻谷籽粒为对象,采用基于离散元法的 EDEM 软件进行非球体颗粒建模。①将稻谷籽粒的外形简化椭球体,在 EDEM 中导入拟构建颗粒的椭球体结构轮廓,采用不同半径的球形进行"无限制"间接填充,直到相应的轮廓全部填满。②导出全部填充球的位置坐标和半径坐标,进行格式转换并替换为全局坐标数据。③在 EDEM 中加载坐标数据,完成非球形结构(椭球体)颗粒的构建。

模拟颗粒参数设置:采用立方状不锈钢箱体作为物料装载器件,依据稻谷籽粒和不锈钢材料的一般物理和力学特性数据,设置稻谷籽粒和不锈钢容器的泊松比、弹性模量和密度分别为 0.25、375 MPa、1 350 kg/m³,0.29、75 000 MPa、8 000 kg/m³,设定颗粒与颗粒之间的恢复系数、静摩擦系数和滚动摩擦系数分别为 0.6、0.3、0.01;设定颗粒与容器之间的恢复系数、静摩擦系数和滚动摩擦系数分别为 0.5、0.56、0.02。

颗粒落料堆积过程模拟:设定籽粒与容器的接触模型为 Hertz Mindlin(收获后的稻谷籽粒含水率不高,籽粒间的黏附力可以忽略,可将其近似为理想颗粒体)。设定颗粒下落的

自由落体加速度为 $-9.81\ \text{m/s}^2$，颗粒生成方式为 dynamic。指定拟生成颗粒数量，采用 "Simulator" 功能完成颗粒的自由落料堆积仿真。仿真结束后，从 "Result" 中导出每一个椭球颗粒的位置坐标（X_n、Y_n、Z_n，n 为颗粒编号）和方向向量矩阵数据（XX_n，XY_n，XZ_n；YY_n，YX_n，YZ_n；ZX_n，ZY_n，ZZ_n），以备在 Comsol 重现颗粒堆积现象时使用，动态堆积过程如图 4-59 所示。

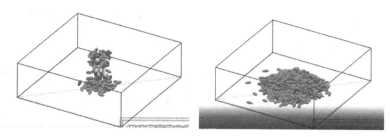

图 4-59 DEM 落料堆积过程

2. 颗粒堆积分布型农业物料的有限元（FEM）模拟模型

依据方向余弦矩阵理论，编制 Matlab 语言程序，将从 EDEM 中导出的单个颗粒所对应的方向向量矩阵换算为笛卡儿全局坐标系中 X、Y、Z 轴对应的单位矢量（i_n、j_n、k_n）。同时，在 Comsol 软件的 "App 开发器" 中创建 "Model method" 程序，在 "声明" 中定义不同的数组、变量分别储存各颗粒的位置坐标值、体积比和结构参数，生成一个大的立方体代表基体，使用 "录制" 方法生成椭球体颗粒的建模代码并嵌入主程序中，依次读取每一个颗粒的位置坐标（X_n、Y_n、Z_n）和方向向量（i_n、j_n、k_n）。执行 method 程序，在指定区域生成椭球体颗粒及立方体，执行布尔运算后形成 "联合体"，完成模拟模型构建。

综合考虑网格剖分的收敛性及计算效率，设置网格剖分级别为 "细化"，采用 "中等" 优化级别进行单元质量优化。在材料属性中依次选取基体区域、"累积" 分别对基质、基体进行物理属性赋值。求解方程即可得到稻谷颗粒/空气混合物的等效介电特性数据。

4.7.2 颗粒堆积分布型农业物料的数值模拟技术

1. 农业物料堆积角测量

真实物料堆积角测量：经除杂、去芒和筛分挑选后得到相对均匀的 1500 粒长粒稻谷籽粒，将其以落料堆积在不锈钢金属板上，得到真实稻谷堆的堆积形态后，从不同方位分多次测量稻谷堆底的直径（d）和高度（h），采用 Matlab 函数（$\tan\theta' = 2h/d$）计算得到稻谷堆的平均堆积角。其中，稻谷籽粒购于云南呈贡农业种子有限公司，湿基含水率为 14.6%，10 次测量后取其长半轴、短半轴的平均值分别为 3.46 mm、1.45 mm，平均粒径比为 2.39∶1。

模拟物料堆积角测量：模拟生成椭球体稻谷籽粒在不锈钢金属板上自然落料堆积，设定颗粒的尺寸、数量与实验样品的平均值相一致，得到模拟稻谷堆的堆积形态后，采用 Origin 软件的图像识别技术得到单侧稻谷堆的边缘轮廓曲线，提取轮廓曲线数据并得到拟合直线的斜率，采用公式（$\theta = \arctan|k|/\pi$）[2] 计算得到模拟谷物堆的堆积角。

2. 农业物料堆积模型及数值验证

采用 4.7.1 节所述方法,生成椭球体稻谷模拟颗粒在立方体装载器件中的堆积模型,依次生成不同体积分数的颗粒填充物料堆积模型,编制程序进行数值求解,得到物料的等效介电常数模拟仿真数据($\varepsilon'_{eff,model}$)。同时,采用 LLL 公式计算得到上述条件下的物料等效介电特性数据($\varepsilon'_{eff,LLL}$)。通过对比分析 $\varepsilon'_{eff,model}$ 和 $\varepsilon'_{eff,LLL}$ 验证堆积模型的有效性。

3. 实验测量技术及测量参数

采用矩形波导传输反射方法分别测量并得到不同体积分数条件下稻米物料、小麦物料的等效介电特性数据(24℃),其中,稻米颗粒("Lebonnet")的密度、含水率和测量频率分别为 1.476 g/cm³、12.2%、11.0 GHz;小麦颗粒("Scoutland")的密度、含水率和测量频率分别为 1.406 g/cm³、10.9%、11.7 GHz。

4. 仪器设备及数据处理

采用离散元颗粒分析软件 EDEM 2018(EDEM Solutions inc. 英国爱丁堡)完成颗粒模型构建及堆积仿真,采用多物理场耦合有限元软件 Comsol Multiphysics 5.3a(Comsol inc. 瑞典斯德哥尔摩)、数据处理软件 Matlab R2012a(MathWorks,美国马萨诸塞州)和 Origin 8.5(Atos Origin,荷兰阿姆斯特丹)完成堆积重现、模型构建、数值计算和数据处理分析。使用矢量网络分析仪(ZNB20,Rohde & Schwarz Ltd.,德国慕尼黑),85051B 7 mm/APC-7 同轴空气线(Agilent Technology,马来西亚槟城)和卤素水分测定仪(DHS-16,常州衡正电子仪器有限公司,精度为 5 mg,水分范围:0~100%,温度范围:室温~160 ℃)进行农业物料的等效介电特性测量。使用游标卡尺(Mitutoyo 500-173,日本香川,精度为 0.02 mm)测量颗粒的规格参数。

4.7.3　颗粒堆积分布型农业物料数值结果及分析

1. 颗粒堆积模型的有效性

采用真实稻谷籽粒堆和模拟稻谷籽粒堆的堆积角偏差来评价堆积模型的准确性。依据 4.7.1 节所述方法,得到真实谷粒堆、模拟谷粒堆的侧向堆积状态如图 4-60 所示,从堆体的边缘扩散、结构形态上看,二者的堆面形态基本吻合。实验测量得到真实谷粒的堆积角为 20.20°。采用图像识别技术得到模拟谷粒堆的单侧边缘轮廓曲线、拟合直线如图 4-60 所示,计算得到模拟谷粒堆的堆积角为 20.11°。对比分析表明,二者的堆积角误差小于 0.5%,说明基于离散元法的谷物颗粒堆积模型是有效性的。

为了验证有限元法重现颗粒堆积状态的准确性,采用 4.7.1 节所述方法分别建立相应的模型,图 4-61 显示了基于离散元法的椭球体谷物颗粒在不锈钢材质立方体装载器件中的落料堆积情况,图 4-61(b)显示了基于有限元法的椭球形颗粒堆积状态重现情况。从图中可以看出,颗粒的大小、位置和方向完全一致,说明基于有限元法的颗粒堆积状态重现的计算程序是正确的。

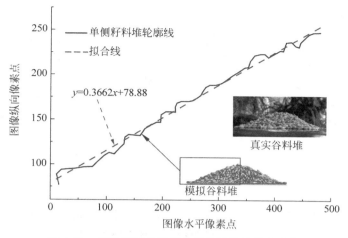

图 4-60　模拟谷料的单侧轮廓线及线性拟合直线

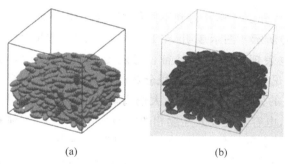

(a)　　　　　　　　　　　(b)

图 4-61　不同技术方法形成的颗粒堆积状态比较

(a) DEM 落料堆积；(b) FEM 堆积重现

2. 颗粒空间分布对仿真模型数值结果的影响

以已知介电特性的聚偏氟乙烯材料为对象($\varepsilon_1' = 2.61 + j0.12$)，采用堆积模型对不同体积分数条件($f_V \in (20\%, 60\%)$)下的聚偏氟乙烯/空气混合物等效介电特性($\varepsilon_{\text{eff}}$)进行了计算，并将数值结果(Model)与颗粒规则排列(Simple Cubic，Face-centered Cubic)[187]、随机位置(球体)[187]、蒙特卡罗分布(MC-FEM)和实验测量值(Measure)[188]进行对比。图 4-62 显示了不同颗粒空间分布模型数值结果的比较情况，分析可得，颗粒呈堆积分布时的数值结果比其他分布形式的计算结果更接近实验测量值，说明堆积状态对混合物的等效介电特性有影响，在针对农业颗粒物料的模型仿真中，有必要考虑颗粒呈堆积分布这一客观因素。但精确地讲，无论是有序分布、随机分布还是堆积分布，数值结果比实测值都小一些，这可能与颗粒物质的界面相影响或颗粒高阶多极矩贡献和多重散射效应引起的附加损耗有关[187]。

3. 堆积模型可行性的数值验证

为了评价堆积模型针对等效介电常数的计算可行性，依次生成体积分数分别为 18.2%、24.26%、30.33%、36.39%、42.46%、50.05%、54.6%、60.66%、72.80%、78.86%、84.93%

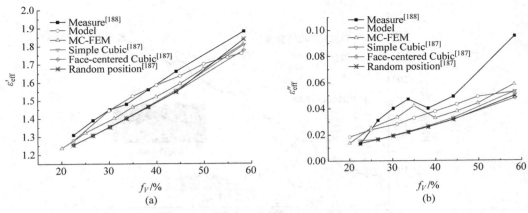

图 4-62　不同的颗粒空间分布形式对计算结果的影响分析

(a) 等效介电常数；(b) 等效介电损耗因子

的颗粒填充混合物堆积模型。选取基质颗粒物质的介电常数(ε_1')分别为 2、4、6、8、10,包裹体物质为空气($\varepsilon_2'=1$),分别计算并得到不同体积分数条件下的 $\varepsilon_{eff,model}'$ 和 $\varepsilon_{eff,LLL}'$ 数值结果对比情况如图 4-63(a)所示。图示表明,在 18.2%~85.0%体积分数计算范围内,$\varepsilon_{eff,model}'$ 与 $\varepsilon_{eff,LLL}'$ 基本吻合,但也表现出一定的特征:①随着基质颗粒介电常数的增大,$\varepsilon_{eff,model}'$ 与 $\varepsilon_{eff,LLL}'$ 的差异增大。②随着基质颗粒体积分数的增大,与 $\varepsilon_{eff,LLL}'$ 相比,$\varepsilon_{eff,model}'$ 呈现出以体积分数 50%为分界点的先高后低趋势,最大偏离幅度小于 5%。究其原因,可能是随着基质物质体积分数的变化,电容器内较大连续相的物质发生了变化,当体积分数为 50%时,基质颗粒物质与包裹体(空气)的比例相当,故二者的计算结果完全吻合。

为了评价堆积模型针对等效介电损耗因子的计算可行性,选取基质颗粒的介电常数为 5(ε_1'),介电损耗因子(ε_1'')分别为 0.1、0.3、0.5、0.7、0.9,采用上述堆积模型计算得到 $\varepsilon_{eff,model}''$ 与 $\varepsilon_{eff,LLL}''$ 的对比分析情况如图 4-63(b)所示。图示表明,$\varepsilon_{eff,model}''$ 的变化趋势与 $\varepsilon_{eff,model}''$ 的变化趋势相同,最大偏离幅度小于 5.0%,但是二者相交时所对应的体积分数分界点移至 55.0%,究其原因,这可能与基质颗粒介电特性模拟仿真中引入了虚部数据而产生的附加损耗有关。

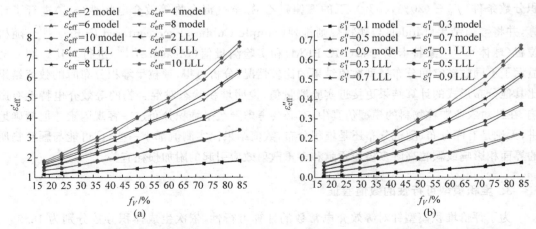

图 4-63　不同体积分数参数条件下堆积模型的数值结果与 LLL 方程计算结果的比较情况

(a) 等效介电常数；(b) 等效介电损耗因子

采用离散元法、有限元法和平均能量法建立了堆积型颗粒填充混合物等效介电特性分析的 DEM-FEM 模拟模型，对比分析表明，模拟模型可以实现不同结构形状籽粒的生成和落料堆放，模拟稻谷籽粒堆和真实稻谷籽粒堆的堆积角误差小于 0.5%。与传统经典方程计算结果相比较，数值结果呈现出以体积分数 50% 为分界点的先高后低趋势，反之，使用模拟模型将物料的等效介电特性换算为颗粒的介电特性时，数值结果呈现出以体积分数 50% 为分界点的先低后高趋势。究其原因，主要是随着颗粒物质体积分数的变化，电容器内的连续相物质发生了变化，当体积分数为 50% 时，基质颗粒物质与包裹体（空气）的比例相当，故二者的计算结果完全吻合。

4.8　颗粒堆积型农业物料等效介电特性的经验公式研究

4.8.1　堆积型农业颗粒物料的 GEM 公式参数确定

1. 基于模拟模型数值结果的 GEM 公式参数

采用 GEM 公式将基质颗粒的介电特性（ε_1）换算为颗粒物料的等效介电特性（ε），令 $1/t=\beta$，设定公式中的 $A\in(4,6)$、$\beta\in(0.3,0.7)$、$\varepsilon_2=1$（空气），将 A 和 β 取不同参数时的 GEM 公式计算值与模拟模型的数值结果进行对比。结果表明，在前述计算条件下（$\varepsilon_1'=2$，$4,6,8,10$；$\varepsilon_1'=5$，$\varepsilon_1''=0.1,0.3,0.5,0.7,0.9$；$\varepsilon_1\in(18.2\%,84.7\%)$，当 $A=5$、$\beta=1-f_1$（$f_1<1$），GEM 公式的计算结果与模拟模型的数值结果基本吻合，二者在计算区间内的最大偏离幅度小于 4.0%。即与农业物料等效介电特性模型的数值结果最吻合的 GEM 公式参数为

$$f_1\frac{\varepsilon_1^{\beta}-\varepsilon^{\beta}}{\varepsilon_1^{\beta}+A\varepsilon^{\beta}}+(1-f_1)\frac{1-\varepsilon^{\beta}}{1+A\varepsilon^{\beta}}=0 \qquad A=5,\beta=1-f_1 \qquad (4\text{-}13)$$

2. 基于实验实例数据的 GEM 公式参数

在前人的研究中，Nelson 采用矩形波导传输反射技术实验测量了小麦颗粒"Scout66"/空气混合物的等效介电特性数据[116]，并通过 $(\varepsilon_1')^{1/3}\sim\rho$ 关系式和 LLL 方程计算得到了小麦籽粒的介电特性。

以"Scout 66"为对象，采用 GEM 公式将小麦/空气混合物的等效介电特性（$\varepsilon=\varepsilon'-j\varepsilon''$）转换为小麦粒籽的介电特性（$\varepsilon_1=\varepsilon_1'-j\varepsilon_1''$）。设定 GEM 公式中的 $A\in(4,6)$、$\beta\in(0.4,0.6)$，当 A 和 β 取不同参数时的 GEM 公式计算结果与 LLL 方程、$(\varepsilon_1')^{1/3}\sim\rho$ 函数计算结果的对比情况如图 4-64 所示。图示表明，当 A 取值为 5、β 取值为 0.5 时，GEM 公式的计算值与 LLL 方程、$(\varepsilon_1')^{1/3}\sim\rho$ 函数的计算值最吻合，最大偏离幅度分别为 0.40%、0.89%。因此，将 GEM 公式中的最优参数确定为 $A=5$、$\beta=0.5$：

$$f_1\frac{\varepsilon_1^{\beta}-\varepsilon^{\beta}}{\varepsilon_1^{\beta}+A\varepsilon^{\beta}}+(1-f_1)\frac{1-\varepsilon^{\beta}}{1+A\varepsilon^{\beta}}=0 \qquad A=5,\beta=0.5 \qquad (4\text{-}14)$$

为便于表达，将式（4-14）简称为 MGEMA 公式。从图 4-64 也可以看出，与模拟模型

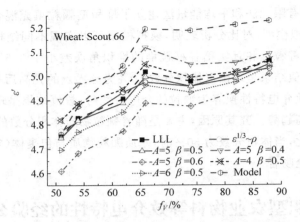

图 4-64　A 和 β 取不同参数时的不同方程计算结果的对比情况

（Model；$A=5$，$\beta=1-f_1$）数值结果相比，MGEMA 公式（$A=5$、$\beta=0.5$）的计算结果更接近$(\varepsilon_1')^{1/3}\sim\rho$ 和 LLL 公式的计算值。说明在针对小麦颗粒"Scout 66"的计算中，式（4-14）比式（4-13）具有更好的准确性。

4.8.2　MGEMA 公式的实例数据验证

Nelson 采用矩形波导传输反射技术分别测量了稻米颗粒/空气混合物、小麦颗粒/空气混合物的等效介电特性数据[116]，并通过$(\varepsilon_1')^{1/3}\sim\rho$ 关系式和 LLL 方程得到了农产品粒籽的介电特性预测数据，其中，稻米"Lebonnet"、小麦"Scout66"和"Scountland"的湿基含水率分别为 12.2%、11.5%、10.9%，体积分数范围分别为 47%～83%、51%～88%、42%～82%，微波测量频率分别为 11.0、9.4、11.7 GHz。

以"Lebonnet""Scout66"和"Scountland"为对象，依据混合物等效介电特性测量数据[116]，采用 MGEMA 公式、LLL 方程、Böttcher 方程$(\varepsilon-\varepsilon_2)/3\varepsilon=f_1(\varepsilon_1-\varepsilon_2)/(\varepsilon_1+2\varepsilon)$、Bruggeman 方程$(\varepsilon-\varepsilon_1)(\varepsilon_2-\varepsilon)^{1/3}/(\varepsilon_2-\varepsilon_1)=1-f_1$ 和 CRI 方程分别计算并得到了上述3 种农产品颗粒在不同体积分数条件下的介电特性，不同理论公式的计算结果对比情况见表 4-2。结果表明，在 3 个研究对象的微波频率和体积分数计算条件下，对比分析呈现以下特征：①MGEMA 公式与 LLL 方程、$(\varepsilon_1')^{1/3}\sim\rho$ 函数的计算数值最吻合，与 LLL 方程相比，采用 MGEMA 公式得到的介电常数和介电损耗因子的最大偏离幅度分别为-0.40%、-1.20%。②当体积分数 $f_1>50.0\%$时，模拟模型式（4-13）的数值计算结果偏大，与 LLL 方程相比，针对介电常数和介电损耗因子的最大偏离幅度分别为 4.21%、8.11%，此趋势与4.8.1 节分析结论相吻合。③相对而言，MGEMA 和 LLL 针对 3 种农产品的介电常数计算结果与$(\varepsilon_1')^{1/3}\sim\rho$ 函数最吻合，在针对部分农产品颗粒（Scout66）高体积分数条件下的介电损耗因子中，MGEMA 公式计算值甚至比 LLL 方程更加接近$(\varepsilon_1')^{1/3}\sim\rho$ 计算值。④若按与$\varepsilon\sim\rho$ 函数计算结果的偏离幅度大小进行准确性评价，不同方程的计算准确度依次为MGEMA、LLL、Böttcher、CRI、Bruggeman，这与 Nelson 所报道的结论相吻合[116]。综合分析，MGEMA 公式是可以用于颗粒状农产品介电特性分析的有效公式之一。

表 4-2　通过线性外推函数和多个介电混合方程计算得到的农产品籽粒介电特性对比情况（24℃）

产品名称	频率/GHz	含水率/%	f_1	$(\varepsilon')^{1/2}$ ε_1'	$(\varepsilon')^{1/3}$ ε_1'	$(\varepsilon''+g)^{1/2}$ ε_1''	MGEMA ε_1'	MGEMA ε_1''	LLL ε_1'	LLL ε_1''	Böttcher ε_1'	Böttcher ε_1''	Bruggeman ε_1'	Bruggeman ε_1''	CRI ε_1'	CRI ε_1''	(5) vs LLL $\Delta\varepsilon_1'$	(5) vs LLL $\Delta\varepsilon_1''$	MGEMA vs LLL $\Delta\varepsilon_1'$	MGEMA vs LLL $\Delta\varepsilon_1''$
White rice "Lebonnet" Nelson 1988	11.0	12.2	0.47	4.78	4.97	0.94	5.005	0.911	5.005	0.912	5.004	0.905	5.620	1.300	4.632	0.773	−1.02	−2.34	0.00	−0.11
			0.51	±0.14	±0.12	±0.07	4.982	0.924	4.989	0.928	4.945	0.901	5.518	1.265	4.647	0.799	0.18	0.27	−0.14	−0.43
			0.55				5.001	0.930	5.013	0.937	4.937	0.894	5.480	1.229	4.697	0.817	1.28	2.56	−0.24	−0.75
			0.61				5.026	1.020	5.044	1.030	4.936	0.967	5.417	1.282	4.768	0.916	2.65	5.61	−0.36	−0.97
			0.68				4.985	0.987	5.005	0.999	4.883	0.932	5.279	1.175	4.783	0.908	3.73	8.02	−0.40	−1.20
			0.77				4.846	0.925	4.864	0.935	4.757	0.879	5.026	1.033	4.714	0.875	4.09	9.02	−0.37	−1.07
			0.83				4.985	0.940	5.002	0.949	4.904	0.901	5.122	1.019	4.884	0.904	3.89	8.59	−0.34	−0.95
Whole-kernel Winter wheat "Scout66" Nelson 1983b	9.4	11.5	0.51	4.81	4.98	0.85	4.746	0.669	4.752	0.672	4.713	0.654	5.227	0.896	4.439	0.581	0.17	0.29	−0.13	−0.45
			0.54	±0.27	±0.13	±0.04	4.817	0.698	4.827	0.703	4.763	0.674	5.275	0.916	4.524	0.613	0.98	1.89	−0.21	−0.71
			0.62				4.888	0.741	4.906	0.749	4.799	0.703	5.252	0.916	4.649	0.669	2.79	5.81	−0.37	−1.07
			0.66				4.997	0.752	5.017	0.761	4.894	0.710	5.331	0.909	4.777	0.688	3.53	7.45	−0.40	−1.18
			0.74				4.957	0.772	4.977	0.781	4.856	0.731	5.187	0.882	4.798	0.724	4.21	9.11	−0.40	−1.15
			0.82				4.991	0.805	5.008	0.812	4.906	0.770	5.141	0.877	4.883	0.771	4.03	8.84	−0.34	−0.86
			0.88				5.047	0.863	5.060	0.869	4.982	0.836	5.144	0.912	4.975	0.840	3.27	7.19	−0.26	−0.69
Hard red winter wheat "Scoutland" Nelson 1983b	11.7	10.9	0.42	4.49	4.64	0.71	4.504	0.561	4.497	0.559	4.549	0.575	5.037	0.791	4.165	0.472	−2.38	−5.15	0.16	0.36
			0.53	±0.14	±0.09	±0.06	4.518	0.626	4.525	0.630	4.479	0.609	4.907	0.808	4.253	0.550	0.64	1.22	−0.15	−0.63
			0.57				4.594	0.615	4.605	0.619	4.535	0.591	4.959	0.775	4.346	0.547	1.57	3.33	−0.24	−0.65
			0.63				4.660	0.654	4.676	0.661	4.580	0.622	4.968	0.793	4.447	0.594	2.79	5.99	−0.34	−1.06
			0.71				4.596	0.719	4.613	0.726	4.512	0.682	4.810	0.825	4.439	0.669	3.68	8.16	−0.37	−0.96
			0.79				4.596	0.648	4.611	0.654	4.519	0.619	4.743	0.712	4.485	0.617	3.86	8.68	−0.33	−0.92
			0.82				4.635	0.665	4.650	0.671	4.563	0.638	4.761	0.720	4.539	0.638	3.73	8.33	−0.32	−0.89

　　采用数值计算和实例实验对比研究的方法,将模型的数值结果与大量实例数据进行了对比分析,适合于堆积型颗粒状农产品介电特性分析的 GEM 公式最佳无量纲参数(即 MGEMA 公式),即把模拟模型中得到的 $A=5$、$\beta=1-f_1$ 修正为 $A=5$、$\beta=0.5$。结果表明,MGEMA 公式针对介电常数和介电损耗因子的最大误差分别为 0.40% 和 1.20%,MGEMA 公式具有一定的计算准确性。

第5章
农产品介电特性实验测量研究

5.1　农产品电磁参数测量原理

5.1.1　传统同轴传输/反射法原理

农产品的介电特性在实际工程问题中具有重要意义[203]。目前测量电介质材料复介电特性方法有：反射法、谐振腔法以及传输/反射法等[145,203-204]，与其他测量方法相比，传输/反射法具有操作相对简单、可使用频率范围较广（1 MHz～30 GHz）等优点，因而得到了非常广泛的应用。

同轴传输/反射法最早由 Nicolson、Ross 提出[205]，Weil 的研究[206]将其拓展至频域测量，也被称为 NRW 传输/反射法。该方法将待测材料样品置入空气传输线，使用网络分析仪（vector network analyzer，VNA）或多端口技术测量该传输线的散射参数，继而根据散射方程推算出介电特性。

同轴传输/反射法实际上是一种双端口传输线法，将均匀、线性、各向同性的被测样品填充在标准同轴传输线内，构成一个互易双端口网络，通过测量含试样传输线段的传输反射系数来确定试样的电磁参数，包含样品的同轴线如图 5-1 所示。

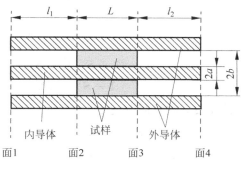

图 5-1　同轴传输线结构示意图

　　各向同性线性均匀材料试样紧密填充于同轴传输线内外导体之间,在同轴线内具有如下特征参数:

$$Z_0 = \ln(b/a)\sqrt{\mu_0/\varepsilon_0}/2\pi \tag{5-1}$$

$$\gamma_0 = \mathrm{j}\omega\sqrt{\mu_0\varepsilon_0} \tag{5-2}$$

$$Z_c = Z_0\sqrt{\mu_r/\varepsilon_r} \tag{5-3}$$

$$\gamma_c = \gamma_0\sqrt{\mu_r\varepsilon_r} \tag{5-4}$$

$$Z_c = Z_0\sqrt{\mu_r/\varepsilon_r} \tag{5-5}$$

式中,Z_0、Z_c 分别为空气和试样段同轴线的特性阻抗;ε_0、μ_0 分别为自由空间介电常数和磁导率;ε_r、μ_r 分别为试样的相对复介电常数和相对复磁导率;$\omega = 2\pi F$ 为工作角频率;$\mathrm{j} = \sqrt{-1}$ 为虚数单位。

　　当同轴线中仅传输 TEM 波时,由微波理论可知,面 2 与面 3 之间的试样段同轴传输线可等效为对称二端口网络,其阻抗矩阵、导纳矩阵和散矩阵分别为

$$\boldsymbol{Z} = \begin{bmatrix} Z_{11} & Z_{21} \\ Z_{21} & Z_{11} \end{bmatrix} \tag{5-6}$$

$$\boldsymbol{Y} = \begin{bmatrix} Y_{11} & Y_{21} \\ Y_{21} & Y_{11} \end{bmatrix} \tag{5-7}$$

$$\boldsymbol{S} = \begin{bmatrix} S_{11} & S_{21} \\ S_{21} & S_{11} \end{bmatrix} \tag{5-8}$$

由二端网络参量之间的转换关系可得

$$Z_{11} = Z_0\frac{1 - S_{11}^2 + S_{21}^2}{(1 - S_{11})^2 - S_{21}^2} \tag{5-9}$$

$$Z_{21} = Z_0\frac{2S_{21}}{(1 - S_{11})^2 - S_{21}^2} \tag{5-10}$$

$$Y_{11} = \frac{Z_{11}}{Z_{11}^2 - Z_{21}^2} \tag{5-11}$$

　　对于试样段同轴线而言,其二端口的阻抗和导纳参量都具有实际的物理意义,其中 Z_{11} 为面 3 处开路时面 2 处的输入阻抗;Y_{11} 为面 3 处短路时面 2 处的输入导纳,因此,可得面 3 分别为开路和短路时面 2 处试样同轴传输线的输入阻抗 Z_{oc} 和 Z_{sc} 分别为

$$Z_{oc} = Z_{11} = Z_0\frac{1 - S_{11}^2 + S_{21}^2}{(1 - S_{11})^2 - S_{21}^2} \tag{5-12}$$

$$Z_{sc} = \frac{1}{Y_{11}} = Z_0\frac{(1 + S_{11})^2 - S_{21}^2}{1 - S_{11}^2 + S_{21}^2} \tag{5-13}$$

根据传输线理论[207],试样段同轴线同时满足

$$Z_{oc} = Z_c/\tanh(\gamma_c l) \tag{5-14}$$

$$Z_{sc} = Z_c\tanh(\gamma_c l) \tag{5-15}$$

$$Z_{sc} = \frac{1}{Y_{11}} = Z_0 \frac{(1+S_{11})^2 - S_{21}^2}{1 - S_{11}^2 + S_{21}^2} \qquad (5\text{-}16)$$

于是,试样同轴传输线的特性阻抗与传播常数的解析表达式为

$$Z_c = \sqrt{Z_{oc} Z_{sc}} \qquad (5\text{-}17)$$

$$\gamma_c = \tanh^{-1}(\sqrt{Z_{oc} Z_{sc}}/l) \qquad (5\text{-}18)$$

将其代入式(5-3)、式(5-4)可得电磁参数的求解式为

$$\mu_r = \frac{Z_c}{Z_0} \cdot \frac{\gamma_c}{\gamma_0} \qquad (5\text{-}19)$$

$$\varepsilon_r = \frac{Z_c}{Z_0} \cdot \frac{\gamma_c}{\gamma_0} \qquad (5\text{-}20)$$

然而,该方法具有 2 个众所周知的缺陷:即半波谐振和多值问题。当试件沿同轴线方向的长度小于波长时,上述 2 个问题可以被有效解决[208],但满足该条件的试样长度则无法确定。

为此,Baker-Jarvis 等提出一种迭代的方法来解决半波谐振问题,但是正确预估待测材料电磁参数则非常困难,且迭代过程可能会出现多个极小值。田步宁等[204]对方程式进行了改写,使其不包含分母趋近于 0 的计算式,但针对较薄的试样,测量结果误差较大。Weir 使用群延迟法来解决多值性问题[206],赵才军通过调整传播常数虚部的方法解决半波谐振和多值性问题[208],然而上述方法的操作和计算都较为烦琐,且对实验操作及仪器校准的要求高,有时往往因缺少一个标准校准件,就会影响到实验工作的开展。

基于上述原因,传统的同轴传输/反射法中,测量结果对仪器校准及试样位置的敏感度很大,对实验测量要求较高,且不容易获得理想的稳定结果,有时因缺少某一校准件就会导致测量工作无法开展。

5.1.2　无校准同轴传输/反射法测量原理

使用 8 项误差模型表征的测量系统模型 S 参数表达形式见图 5-2。图中 Port1 和 Port2 为网络分析仪的两个端口;S_{ijx}、S_{ijy} 为同轴传输线两个端面的 S 参数测量值,包含了未经校准的网络分析仪、延伸电缆及连接失配等影响因素带来的误差;S_{ij} 为试样所占同轴传输线区域的散射参数。($i=1,2$;$j=1,2$)

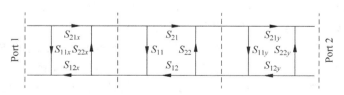

图 5-2　S 参数表征的测量系统模型

测量时分为两个步骤,即分别测量空气填充同轴线(记为 Airfill)和测量试样填充同轴线(记为 Samplefill)的散射参数。每个部分都可以看作互易二端口网络,因此 $S_{12} = S_{21}$ 成立;对于长度为 l 的试样同轴线段和相同位置的空气同轴线段则还有 $S_{11} = S_{22}$。使用 T 矩阵分析图 5-2 所示的级联网络[190],经过两个步骤的测量后,可建立如下传输矩阵等式:

$$T_{(\text{Airfill})} = T_x T_a T_y \tag{5-21}$$

$$T_{(\text{Samplefill})} = T_x T_s T_y \tag{5-22}$$

式中，$T_{(n)} = \dfrac{1}{S_{11(n)}} \begin{bmatrix} 1 & -S_{22(n)} \\ S_{11(n)} & -\Delta S_{(n)} \end{bmatrix}$（$n = \text{Airfill}, \text{Samplefill}$）；$S_{ij(n)}$（$i, j = 1, 2$）为 S 参数测量值；$\Delta S_{(n)} = S_{11(n)} S_{22(n)} - S_{12(n)} S_{21(n)}$；$T_x$ 和 T_y 为矩阵形式，与 $T_{(n)}$ 相同；T_a 为试样段同轴线对应位置的空气同轴线传输矩阵；T_s 为试样段同轴线传输矩阵。

假定长度为 l 的空气同轴线为无反射的无耗传输线，则传输矩阵为[13]

$$T_a = \begin{bmatrix} e^{\gamma_0 l} & 0 \\ 0 & -e^{\gamma_0 l} \end{bmatrix} \tag{5-23}$$

式中，γ_0 为真空中空气同轴线的传播常数。对于均匀、对称的试样段同轴线，同理可得其传输矩阵为

$$T_s = \frac{1}{S_{21s}} \begin{bmatrix} 1 & -S_{11s} \\ S_{11s} & -\Delta S_s \end{bmatrix} \tag{5-24}$$

$$\Gamma = \frac{\gamma_0 - \gamma_s}{\gamma_0 + \gamma_s} \tag{5-25}$$

$$T = e^{-\gamma_s l} \tag{5-26}$$

$$\gamma_s = \gamma_0 \sqrt{\varepsilon_r} \tag{5-27}$$

式中，S_{k1s}（$k = 1, 2$）为试样端面的 S 参数理论值；$S_{11s} = \Gamma \dfrac{1 - T^2}{1 - \Gamma^2 T^2}$；$S_{21s} = T \dfrac{1 - \Gamma^2}{1 - \Gamma^2 T^2}$；$\Delta S_s = S_{11s}^2 - S_{21s}^2$；$\Gamma$ 和 T 分别为反射系数和传输系数；γ_s 为试样段同轴线的传播常数；ε_r 为试样复介电特性。

对式（5-21）求逆，并假定 2 次测量中的 T_x 和 T_y 不变，根据式（5-21）和式（5-22）可得

$$T_{(\text{Samplefill})} T_{(\text{Airfill})}^{-1} = T_x T_s T_a^{-1} T_x^{-1} \tag{5-28}$$

联合上述各式，可得方程式

$$Trace\left(T_{(\text{Samplefill})} T_{(\text{Airfill})}^{-1}\right) = \frac{T^2 - \Gamma^2}{T(1 - \Gamma^2)} e^{\gamma_0 l} + \frac{1 - \Gamma^2 T^2}{T(1 - \Gamma^2)} e^{-\gamma_0 l} \tag{5-29}$$

式中，$Trace(\sharp)$ 表示方阵 $\sharp$ 的迹。至此，$T_{(\text{Airfill})}$ 和 $T_{(\text{Samplefill})}$ 可由两个测量步骤中所测量的 S 参数计算得到，T_a 可通过理论计算得到，式（5-29）仅含有一个唯一的未知变量（ε_r），利用牛顿迭代法求解即可得到被测混合物材料的介电特性。

可以看出，使用此技术方法测量材料介电特性时，不需要校准网络分析仪，对夹具特性阻抗没有要求，与试样在测量夹具中的位置无关，用游标卡尺测量获得样品长度值后，分别测量空气填充同轴线的 S 参数和放入试样后的 S 参数，即可通过计算获得待测物的介电特性，此方法可有效解决传统传输反射法中出现的夹具校准、多样品测量和样品位置确定难度大等困难。

5.1.3 基于 MGEM 公式的农产品介电特性分析

利用同轴传输线系统进行物质介电特性测量时，要求将待测物质制作成满足同轴传输线要求的圆环状样品（内外径分别为 3.04 mm）。由于粉末的柔性大，需将待测粉末材料在

一定条件下与已知电磁特性的非磁性材料进行均匀混合,制作成形状统一的待测粉末/黏结剂混合物样品后才能测量。鉴于石蜡是各向同性、均匀的非磁性材料,其相对介电特性随频率的变化基本保持不变,熔融状态下石蜡化学性质稳定[39],本测量方案中,选择石蜡作为黏结剂。

经过测量系统获得粉末/黏结剂混合物的电磁参数后,利用颗粒型二元混合物等效介电特性通用 MGEM 计算公式(4-9),编制程序计算并可获得农产品的介电特性。

对于颗粒状农产品,首先将待测农产品放入同轴传输线中,测得颗粒型农产品-空气二元混合物料的等效介电参数,再利用式(4-9)即可获得某种农产品的介电特性;也可通过测量粉末状农产品/石蜡混合物的介电特性再利用式(4-9)获得某种农产品的介电特性。

5.2 农产品介电特性测量方案

选取粉末状农产品-石蜡混合物样品、颗粒状农产品-空气混合物样品进行测量和分析,测量环境温度及物料温度为室温(24±1)℃。

5.2.1 实验设备

ZNB20 矢量网络分析仪(R&S,德国慕尼黑,图 5-3(b));85051B 7 mm/APC-7 同轴空气线(Agilent Technology,马来西亚槟城,图 5-4(a));水分测量仪(常州衡电有限公司,称重精度为 0.005 g,图 5-4(b));粉碎机(MQW03,山东青岛);样品压模(自行设计订制,河南鹤壁,图 5-5(a));数据处理软件 Matlab R2012a(MathWorks,美国马萨诸塞州);Origin 8.5(Atos Origin,荷兰阿姆斯特丹)。

(a) (b)

图 5-3 实验平台(a)及网络分析仪(b)

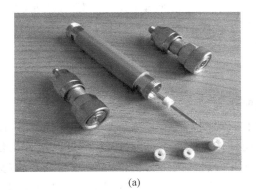

(a) (b)

图 5-4 同轴传输线(a)和水分测量仪(b)

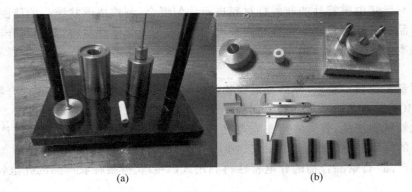

图 5-5 样品模具(a)及样品实物(b)

5.2.2 样品制作

对于粉末类农产品,测量前需要制作成粉末/石蜡圆环状样品。在室温(24±1)℃下,将石蜡加热到70℃使其融化后与农产品粉末、去离子水混合,使用自动搅拌器进行充分、均匀搅拌混合,恢复至室温后置入样品模压器件,压制得到混合物圆环柱状样品(内径为3.04 mm、外径为7 mm、长度根据测量需求确定),使用游标卡尺测量获得样品长度值并记录,称重并记录、真空包装,编号后置于9℃条件环境中储藏待测。依次制备不同含水农产品粉末/石蜡混合物样品,计算体积分数并记录。

5.2.3 体积分数计算

(1) 对于颗粒型农产品:采用排水法直接测量待测颗粒物质的体积V_1,根据同轴传输线中2个Teflon薄片之间的距离d得到两薄片之间的同轴线段内体积$V_2=\pi(b^2-a^2)d$,从而计算得到颗粒物质在空气/颗粒物质混合物中的体积分数为$f=V_1/V_2$。

(2) 对于粉末型农产品:由于粉末溶于水且密度和体积未知,无法利用排水法进行测量,粉末物质的体积分数等于样品中粉末的体积与混合物样品总体积的比值,可通过式(5-30)进行计算[209]:

$$f_V=1-(m_s\times(M_1/M_2))/(\rho\times V) \qquad (5\text{-}30)$$

式中,$V=\pi(b^2-a^2)l/4$;f_V 为体积分数;m_s 为制样石蜡的质量,g;M_1、V、l 分别为混合物样品的总质量、体积和长度;M_2 为制样物料的总质量;ρ 为石蜡的密度(0.87 g/cm³);$a(=3.04$ mm)、$b(=7$ mm)分别为圆环柱状样品的内径和外径;式中 m_s、M_1、V、l 通过制样前后的测量获得。

5.2.4 测量方案

设计材料电磁参数的同轴传输反射法测量系统,如图5-6所示。将待测样品从冷藏室中取出,置于室温(24±1)℃下5 h左右,以使样品温度回升至室温。测量前,使用APC-7的3 mm转接头、同轴电缆将85051B同轴传输线夹具与ZNB20矢量网络分析仪的两个端口相连,开机预热ZNB20网络分析仪,1 h后启动网络分析仪S参数测量系统(无须校准)。测量时,按规定操作进行测试,设定测量频率为2~5 GHz,等间距选取150个频率点;设定

图 5-6 同轴传输线法测量系统及测量器件

1—网络分析仪；2—同轴传输线夹具；3—连接电缆；4—同轴线内轴及样品；5—游标卡尺；6—同轴
线外轴；7—APC7 3mm 转接头；8、9—石蜡样品制作模具；10—含水率测量装置

每次测量进行 20 次重复扫描,取其 20 次测量结果的算术平均值。本研究中对 2 种形态的物质进行了测量,具体方案如下:

(1) 对于粉末状农产品:散射参数测量分为两个步骤,一是测量同轴传输线分别为空气填充、石蜡样品填充时的散射参数,分别重复测量 3 次取其算术平均值,保存测量结果并标记同轴线的摆放位置;二是测量混合物样品的散射参数,将待测混合物样品放置到同轴传输线中,并将同轴线置于步骤一所标记的位置,稳定后测量其散射参数并保存,取出样品并称重、记录,清洁测量仪器,同一含水率样品的测量重复 3 次取其算术平均值。参照步骤二依次进行不同含水率样品的测量,直至测量完成。得到待测混合物的电磁散射参数(S 参数)后,依据 5.1.2 节理论编制 Matlab 程序实现混合物电磁散射参数与介电特性的转换计算,并依据 4.3.1 节 MGEM 方法计算待测粉末的介电特性。

(2) 对于颗粒状农产品:为了保证在高频区域微波可以穿透待测农产品,制作 2 个与同转传输线的内径和外径尺寸相吻合的 Teflon 薄片作为分隔层,将待测农产品放入 2 个薄片之间,以使置入的农产品与空气混合物呈圆环状分布,如图 5-7 所示。测量时,一是在同轴空气线中放入 Teflon 薄片后与网络分析仪进行连接(无须校准),稳定后测量空气、Teflon 填充同轴线的 S 参数并保存;二是将混合物样品放入薄片之间,稳定后测量空气、Teflon 和待测样品部分填充同轴线的 S 参数并保存,使用排水法测量待测物质体积并记录,重复 3 次取其算术平均值。得到农产品/空气混合物的等效介电特性后,依据 5.1.2 节理论,编制 Matlab 程序实现混合物电磁散射参数与介电特性的转换计算;依据 4.3.1 节 MGEM 方法,编制程序求解得到农产品的介电参数。

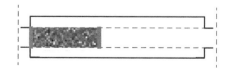

图 5-7 置入 Teflon 片的同轴传输线示意图

5.2.5 含水率测定

粉末物质的水分含量依据《中国药典》2020 年版通则 0832 烘干法进行测定,使用水分测定仪对每组样品进行 3 次平行实验且保证质量差值低于 5 mg,取其算术平均值为测

定值。

对于颗粒型农产品,为了获得相对较高的含水率样品,将待测物浸泡在水中 1 h 使其充分吸收水分,然后在空气中自然风干 5 h,确保其表面水分完全蒸发。再使用基于烘干法的水分测量仪得到不同待测样品的含水率。

5.2.6 介电特性分析

1. 混合物样品的等效介电特性分析

根据 5.1.2 节所述无校准同轴传输线法测量原理,推导出 S 参数测量值与待测粉末/石蜡粉末混合物样品介电特性的数学方程式,采用牛顿迭代数值计算方法求解方程,使用 Matlab 软件编制相关程序对式(5-29)进行求解,得到测量微波频段下描述待测混合物介电特性的介电特性。

2. 粉末物质介电特性的计算

根据混合物材料的 MGEM 公式计算粉末物质的介电特性,使用 Matlab 软件编制程序对式(4-12)进行求解,计算参数分别为介电常数 ε'、介电损耗因子 ε'' 和损耗角正切 $\tan\delta$。

5.2.7 数据处理分析

采用数据处理软件:Matlab R2012a(MathWorks,美国马萨诸塞州)、Origin 8.5(Atos Origin,荷兰阿姆斯特丹)、Excel 进行数据处理及回归分析。

5.2.8 实验方案验证

为了验证测量方案的可靠性,首先,测量了石蜡(长度为 38 mm)的 S 参数,重复 3 次后取平均值,使用编制程序将 S 参数转换为介电特性并与文献值进行对比。其次,使用 HFSS 仿真软件仿真得到低损耗电介质材料 Teflon(预设介电特性 $\varepsilon'_r = 2.04$,$\tan\delta = 0.002$)的 S 参数,使用编制程序将 S 参数转换为介电特性并与预设值进行对比。

图 5-8 显示了石蜡的介电特性测量值和 Teflon 的介电特性反演值,结果表明,石蜡的介电常数 $\varepsilon' = 2.238 \pm 0.02$,介质损耗角正切值为 0.0031,计算结果与文献[209]吻合。经过算法反演后的 Teflon 介电常数为 $\varepsilon' = 2.044 \pm 0.001$,介质损耗角正切值为 0.002,与预设值吻合。说明本测量方案和算法是准确的。

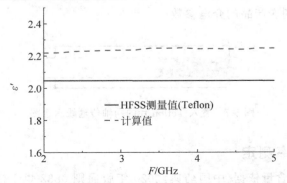

图 5-8 微波频率与介电常数的关系

　　另外,测量了同一规格的混合物样品放置在同轴线中 4 个不同位置时的介电特性和 3 个不同长度石蜡样品的介电特性。结果表明:本测量方案中,电磁散射参数与样品在同轴线中的位置无关,与理论推导相吻合,较长的试样更能实现低频率下的电磁参数正确测量。

5.2.9　粉末-石蜡混合物的介电特性

　　为了获取样品测量的最佳体积分数,以马铃薯粉末为实验材料,室温(24±1)℃下制备了 4 种不同粉末含量的马铃薯-石蜡混合物样品,记为 A、B、C、D。其中,粉末体积分数大小关系为 A<B<C<D,石蜡的密度为 0.87 g/cm³,马铃薯全粉含水率为 14.7%。在 2～5 GHz 频率范围内进行电磁参数测量,计算得到混合物的介电特性,结果如图 5-9 所示。

　　图示表明:①在同一频率点,随着马铃薯全粉体积分数的增加,马铃薯/石蜡混合物的介电特性呈增大趋势;②对于同一规格的样品,随着频率的增大(2～5 GHz),马铃薯/石蜡混合物的介电常数呈微下降趋势;③体积分数相对较大的混合物,介电特性曲线振荡幅度相对较大;④综合比较 A、B、C、D 混合物样品的测量结果,B 样品的介电特性相对稳定,振幅最小且最大振幅低于 5%。综合考虑制样难度,选取 B 样品的近似体积分数(0.51)作为测试用粉末样品的制样参考。

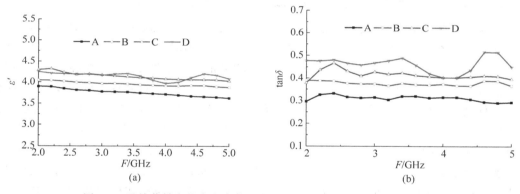

图 5-9　马铃薯粉末的介电常数和介电损耗角正切随频率的变化情况
(a) 介电常数;(b) 损耗角正切

5.3　三七粉末介电特性的实验研究与理论分析

　　三七(pseudo-ginseng)又名田七,是一种非常罕见的五加科直立草本植物,主产于云南,是中国传统的珍贵药材,在拉丁语中称为“万能药”,当前以三七为原料的中成药品种有 360 多种[210],粉末是其重要的成品之一。鉴于三七具有较高的药用价值,国内外众多学者对此开展了大量的研究,但研究内容主要集中在针对其成分分析、药理作用、种植环境、干燥和炮制方面[211-212]。谭景等开展了有关三七物理特性研究[213-214],研究成果对于三七产品研制及产业发展起到了重要作用。在三七粉末的介电特性研究方面,杨薇等利用 LCR 测试仪分析了三七介电特性与含水率之间的关系,但测量起始频率相对较低、范围窄(0.1～1000 kHz)[215]。

　　采用无须校准同轴传输反射法,测量了 2～5 GHz 微波频率下 9%～45.5%含水率时三七粉的介电特性,结合编程计算,分析了三七粉的介电特性与含水率、微波频率间的依存关系。

5.3.1　实验材料与测量

三七物料来源为街购,产于云南省文山州马关县夹寒箐,生长土壤类型为黄棕,生长地貌为丘陵中部坡地,海拔 1325 m。取其根茎自然晒干后碾磨得到三七粉末,常温下含水率为 13%,密封保存。实验级石蜡粉末和去离子水由云南生物工程研究中心提供。

按 5.2 节方案和步骤,在室温(24±1)℃下,将石蜡加热到 70℃使其融化后与三七粉、去离子水混合,使用自动搅拌器进行充分、均匀搅拌混合,恢复至室温后置入样品模压器件,压制得到混合物圆环柱状样品(内径为 3.04 mm、外径为 7 mm、长度根据测量需求确定),使用游标卡尺测量获得样品长度值并记录、称重并记录、真空包装,编号后置于 9℃条件环境中贮藏待测。依次制备含水率分别为 9%、13%、19%、26.1%、32%、38%、42%的 7 组共 21 个三七/石蜡混合物样品,其粉末体积分数分别为 0.427、0.431、0.469、0.470、0.474、0.504、0.528。

5.3.2　三七粉末介电特性随微波频率的变化规律

在测量的基础上,计算得到测量微波频段内不同含水率三七粉的介电特性参数值,结果见图 5-10。由图可知,随着频率的增加,同一含水率三七粉的介电常数 ε' 和介电损耗因子 ε'' 呈单调递减趋势。为分析递减趋势,分别对 7 个样品的介电常数 ε'、介电损耗因子 ε''、损耗正切值 $\tan\delta$ 与微波频率 F(2~5 GHz)、含水率 M(9%~42%)的关系进行直线拟合,按含水率从低到高的顺序,得到表征拟合直线倾斜程度的斜率如下:ε' 与 F 关系拟合直线的斜率分别为 -0.04、-0.11、-0.13、-0.26、-0.62、-0.77、-1.21,ε'' 与 F 关系拟合直线的斜率分别为 -0.01、-0.02、-0.01、-0.02、-0.29、-0.29、-0.25,$\tan\delta$ 与 F 关系拟合直线的斜率分别为 -0.003、-0.003、0.005、0.007、-0.006、0.006、0.005。结合图 5-10 可以看出:随着频率的增加,同一含水率样品的 ε'、ε'' 随 F 呈单调递减变化趋势,含水率越高的样品递减幅度越大;$\tan\delta$ 与 F 关系拟合直线的斜率基本保持不变,说明物料与微波场的耦合能力随频率的变化不明显;微波频率对介电特性的影响度为 $\varepsilon' > \varepsilon'' > \tan\delta$。

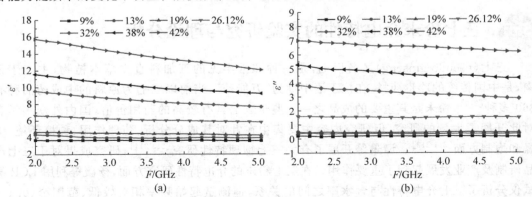

图 5-10　不同含水率样品的介电特性随微波频率的变化情况

(a) 介电常数 ε';(b) 损耗因子 ε''

5.3.3　三七粉末含水率对介电特性的影响

为了分析含水率与介电特性之间的相关性,以民用微波频率 2.45 GHz 为观测点,计算得到三七粉的介电常数、介电损耗因子与含水率的关系见图 5-11。图示表明,随着含水率的增加,同一频率点上三七粉的介电常数 ε'、介电损耗因子 ε'' 和损耗角正切 $\tan\delta$ 呈单调递增趋势。为进一步分析递增幅度,对 ε'、ε''、$\tan\delta$ 与含水率(M)的关系进行直线拟合,得到表征拟合直线倾斜程度的斜率值分别为 0.322、0.194、0.013,说明 ε'、ε''、$\tan\delta$ 随着含水率增加的递增幅度为 $\varepsilon'>\varepsilon''>\tan\delta$。

进一步多项式拟合分析可得,ε'、ε''、$\tan\delta$ 与含水率(M)之间的数学关系分别为

$$\varepsilon' = 8.782 - 1.156M + 0.0866M^2 - 0.0024M^3 + 2.607e^{-5}M^4, \quad R^2 = 0.976$$

$$\varepsilon'' = 0.212 + 0.051M - 0.01M^2 + 5.547e^{-4}M^3 - 6.206e^{-6}M^4, \quad R^2 = 0.985$$

$$\tan\delta = -0.103\,25 + 0.037\,52M - 3.36e^{-3}M^2 + 1.378e^{-4}M^3 - 1.709e^{-6}M^4, \quad R^2 = 0.985$$

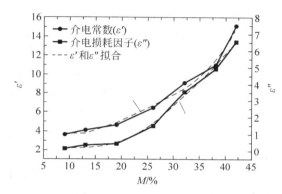

图 5-11　2.45 GHz 频率点处三七粉末的介电特性与含水率的关系

5.3.4　三七粉末介电特性随微波频率和含水率的变化关系

在测量微波频段内,三七粉的介电常数 ε'、介电损耗因子 ε'' 和损耗角正切 $\tan\delta$ 与频率 F、含水率 M 具有一定的依存关系。对图 5-10 中数据进行曲面拟合,分析可得:三七粉的介电特性与微波频率 $F\in(2,5)$GHz、含水率 $M\in(9\%,42\%)$ 之间满足如下数学关系:

$$\varepsilon' = 4.418 - 0.214F - 0.079M - 1.247e^{-2}FM + 0.041F^2 + 7.462e^{-3}M^2, \quad R^2 = 0.967$$

$$\varepsilon'' = 1.109 - 8.459e^{-2}M - 0.13F - 2.56e^{-4}FM + 1.014e^{-2}F^2 + 5.782e^{-3}M^2, \quad R^2 = 0.966$$

$$\tan\delta = 0.163 - 0.015M - 0.015F + 6.32e^{-4}FM + 6.71e^{-4}F^2 + 6.6e^{-4}M^2, \quad R^2 = 0.955$$

本节采用无校准同轴传输反射法测量三七粉微波介电特性,此实验方案解决了传统方法中存在的多次测量、多样品测量和样品位置确定难度大等问题,但此方法对测量的可重复性有一定要求,且含水率较高样品的形貌轻微黏稠。结果表明:三七粉末的介电特性与微波频率、含水率具有一定的依存关系;随着频率的增加,同一含水率三七粉的 ε' 和 ε'' 呈单调递减变化,含水率越高的样品递减幅度越大,$\tan\delta$ 随频率的变化不明显;随着含水率的增加,同一频率下三七粉末的 ε'、ε'' 和 $\tan\delta$ 呈单调递增变化。在测量数据的基础上,拟合获得了三七粉的介电特性与含水率、微波频率之间满足的经验公式,为三七粉的微波鉴定、微波杀菌、微波干燥等提供依据。

5.4 马铃薯粉末介电特性的实验研究与理论分析

马铃薯是世界第四大粮食作物,具有较高的营养价值和保健功能[216],其主要成品可分为鲜食型、淀粉型、油炸型和全粉型。其中,马铃薯粉末具有储存时间长、运输成本低、产品开发空间大的优势。但是,长期以来,国内外马铃薯市场主要以鲜薯市场为主,现有成果以针对鲜薯和淀粉水体系的研究居多。

在当前马铃薯主粮化战略背景下,基于新型微波能源的马铃薯全粉及产品的研究开发受到了广泛关注。学者们针对鲜食类和淀粉类马铃薯开展了诸多研究,其中在鲜食类研究方面,Dunlap W J 和 Makower B 最早以胡萝卜为对象开始了蔬菜的介电特性测量研究[217],Shaw T M[218]、Pace W E[150]、Nelson S O[139]、Funebo T O[219]、马荣朝等[220]对不同频率下鲜食类马铃薯的介电常数进行了测量,认为新鲜的马铃薯具有较高的含水量,介电常数较高(约为 80)且与温度、湿度、密度和频率等因素有关,频率和介电特性之间的依赖关系源于物质偶极矩分子受电场作用而产生的定向极化排序,大部分果蔬的介电常数随温度的升高逐渐下降。在马铃薯淀粉研究方面,Loor G[221]、Shipahigluo[222]、Ryynanen[223]等以马铃薯淀粉-水体系为对象,基于传统加热方式,分别开展了马铃薯淀粉的介电参数与松弛时间、盐含量、含水量、糊化等因素的关系研究,发现介电特性随着温度、盐度和湿度的变化而变化。Ozturk S 利用 LCR 方法分析了 $1 \sim 30$ MHz 范围内马铃薯淀粉的介电常数与温度、水分、密度的关系[224];张喻等分析了马铃薯全粉和淀粉混合制作虾片的技术工艺[225]。总的来说,现有的关于马铃薯介电特性的研究成果呈现出以下特征,一是以研究高介电常数的鲜食类和淀粉类成果居多;二是研究方法以测量高介电常数的探针法、谐振腔法等为主。

选取"合作 88"①马铃薯为研究对象,采用无校准同轴传输反射法测量马铃薯粉末的介电特性,分析马铃薯粉末的介电常数和介电损耗因子与含水率、微波频率之间的关系。

5.4.1 实验材料和测量

马铃薯品种为"合作 88",产于云南省会泽县,由云南师范大学薯类研究所提供,干物质含量 25.81%,淀粉含量 20.05%,休眠期中,耐储藏,中抗晚疫病,抗癌肿病,无病毒期,产量高,抗性强。将马铃薯全粉制样后装封存于聚乙烯塑料袋,测量前 5 h 取样使其恢复到室温,间隔 1 天取样 1 次,重复 3 次。

按 5.2 节方案和步骤,在室温(24±1)℃下,将石蜡加热到 70℃使其融化后与马铃薯粉末、去离子水混合,使用自动搅拌器进行充分、均匀搅拌混合,恢复至室温后置入样品模压器件,压制得到混合物圆环柱状样品(内径为 3.04 mm、外径为 7 mm、长度根据测量需求确定),使用游标卡尺测量获得样品长度值并记录、称重并记录、真空包装,编号后置于 9℃条件环境中储藏待测。依次制备含水率分别为 4.95%、10.2%、14.7%、21.3%、27%、31%、36%、43%的 8 组共 24 个马铃薯/石蜡混合物样品,其对应体积分数分别为 0.500、0.518、

0.528、0.541、0.554、0.584、0.602、0.645。

5.4.2　马铃薯粉末介电特性随微波频率的变化规律

在测量的基础上,计算得到测量微波频段内不同含水率马铃薯粉末的介电特性参数值,结果见图 5-12。由图可知,随着频率的增加,同一含水率马铃薯粉末的介电常数 ε' 和介电损耗因子 ε'' 呈单调递减趋势,含水率越高的样品,递减速度越快。为分析递减趋势,分别对 3 个样品的介电常数 ε'、介电损耗因子 ε''、损耗正切值 $\tan\delta$ 与微波频率 $F(2\sim5\,\mathrm{GHz})$、含水率 $M(3\%\sim45.3\%)$ 的关系进行直线拟合,得到表征拟合直线倾斜程度的斜率值见表 5-1,同时结合图 5-12 可以看出:随着频率的增加,同一含水率样品的 ε'、ε'' 与 F 关系拟合直线的斜率呈单调递减变化趋势,$\tan\delta$ 与 F 关系拟合直线的斜率呈单调递增变化趋势,频率对介电特性的影响度为 $\varepsilon'>\varepsilon''>\tan\delta$。含水率越高的样品,拟合直线的斜率变化幅度越大、与微波场的耦合能力更强。

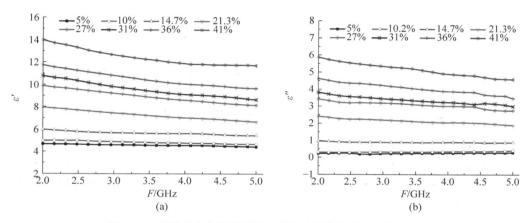

图 5-12　不同含水率样品的介电特性随微波频率的变化关系

(a) 介电常数；(b) 损耗因子

表 5-1　不同含水率下微波频率和含水率与 ε'、ε''、$\tan\delta$ 关系拟合直线的斜率

类　　别	测量频率范围(2～5 GHz)							
含水率/%	5	10.2	15	21.3	27	31	36	41
体积分数	0.500	0.518	0.528	0.541	0.554	0.584	0.602	0.645
ε' 与 F、M 关系拟合直线斜率	−0.07	−0.11	−0.14	−0.42	−0.58	−0.67	−0.69	−0.74
ε'' 与 F、M 关系拟合直线斜率	0.025	0.034	−0.015	−0.161	−0.190	−0.226	−0.336	−0.408
$\tan\delta$ 与 F、M 关系拟合直线斜率	0.006	0.008	0.001	−0.003	0.001	0.002	−0.007	−0.008

5.4.3　马铃薯粉末含水率对介电特性的影响

为得到民用微波频率 2.45 GHz 处马铃薯粉末的介电特性与含水率、频率的关系,测量结果如图 5-13 所示,分析得到马铃薯粉末介电常数 ε'、介电损耗因子 ε'' 与含水率 M 的内在关系为

$$\varepsilon' = 7.311 - 0.943M + 0.089M^2 - 2.6\mathrm{e}^{-3}M^3 + 2.61\mathrm{e}^{-5}M^4, \quad R^2 = 0.998$$

$$\varepsilon'' = 1.946 - 0.572M + 5.45\mathrm{e}^{-2}M^2 - 1.631\mathrm{e}^{-3}M^3 + 1.691\mathrm{e}^{-5}M^4, \quad R^2 = 0.998$$

分析可得,随着含水率的增加,同一频率点上铁皮石斛粉末的介电常数 ε'、介电损耗因子 ε'' 和损耗角正切 $\tan\delta$ 呈单调递增趋势。

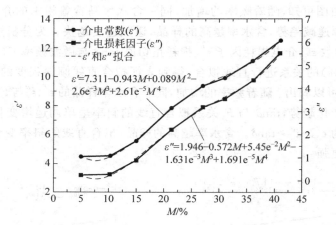

图 5-13　2.45 GHz 频率点处马铃薯全粉的介电特性与含水率的关系

5.4.4　马铃薯粉末介电特性随微波频率和含水率的变化关系

在测量频率范围内,马铃薯粉末的相对介电常数 ε'、介电损耗因子 ε'' 和介电损耗正切值 $\tan\delta$ 与频率 F、含水率 M 具有一定的线性关系。对图 5-12 数据进行曲面拟合,分析可得:在 2~5 GHz 频率范围和含水率为 5%~41% 条件下,马铃薯粉末介电特性与微波频率、含水率之间满足如下数学关系:

$$\varepsilon' = 4.588 - 0.062F + 0.013M - 0.021FM + 0.019F^2 + 0.009M^2, \quad R^2 = 0.989$$

$$\varepsilon'' = 0.356 - 0.017F - 0.055M - 0.009FM + 0.013F + 0.008M^2, \quad R^2 = 0.986$$

$$\tan\delta = 0.057 - 7.317\mathrm{e}^{-3}F - 3.354\mathrm{e}^{-3}M - 3.781\mathrm{e}^{-4}FM + 1.725\mathrm{e}^{-3}F^2 + 7.538\mathrm{e}^{-4}M^2, \quad R^2 = 0.968$$

本节采用基于 T 矩阵的无须校准同轴传输反射法,测量微波频段下马铃薯粉末的介电特性。结果表明:随着频率的增加,同一含水率马铃薯粉末的相对介电常数 ε' 和介电损耗因子 ε'' 呈单调递减趋势,含水率越高的样品,递减幅度越大。随着含水率增大,同一频率点上马铃薯粉末的介电常数和介电损耗因子单调递增。在测量频率全域范围内,马铃薯粉末的相对介电常数 ε'、介电损耗因子 ε'' 和介电损耗正切值 $\tan\delta$ 与频率 F、含水率 M 之间存在一定的数学表达式关系。实验结果可为粉末状农业物料介电特性的测量提供可行方法,可为马铃薯粉末品质鉴定仪器的设计提供依据。

5.5　铁皮石斛粉末介电特性的实验研究与理论分析

石斛为兰科第二大属,多年生草本植物,是药食同源的名贵中草药。其种类众多,全球共计 1500 种以上,我国目前发现有 78 种、近 40 种可作药用[226]。其中,铁皮石斛 (*Dendrobium officinale* Kimuraet & Migo)又名黑节草、铁吊兰等,来源于兰科植物铁皮石斛的干燥茎[1]，是石斛中的上品，具有"养阴生津，润喉护嗓，温胃明目，补肾益力，延年益寿"的功效[227]。鉴于石斛具有较高的药用价值，众多学者针对其医学药理、鉴别图谱、成分分析、种植技术、加工技术、物理特性[165, 228-233]等方面开展了大量的研究，白音等利用组织、显微、光谱、色谱及分子生物学等技术方法进行了铁皮石斛鉴定研究[234-236]，成果对于石斛产品的研制及产业发展起到了重要作用。当前，基于介电特性的食品微波技术研究已有大量的文献[237-239]，也有学者开展了微波技术在中药有效成分提取、中药炮制、中药材及其制剂干燥和灭菌等方面的研究[43, 44, 240-242]，但针对铁皮石斛介电特性的测量研究鲜见报道。前人的研究成果表明，微波技术为食品物料及其产品的分析和开发提供了一项新技术[243]。

采用无须校准同轴传输反射法，测量了 $2\sim 5$ GHz 微波频率下 $3\%\sim 45.5\%$ 含水率时铁皮石斛粉末的介电特性，结合编程计算，分析了铁皮石斛粉末的介电特性与含水率、微波频率间的依存关系。

5.5.1　实验材料与测量

铁皮石斛原料产地为云南龙陵，粉末来源于店购，由德宏久丽康源生物科技有限公司生产，淡棕黄色，甘露糖与葡萄糖峰面积比为 2.7，水分 11%，总灰分 4.2%，粒径 $42\sim 54$ μm，多糖 43.7%，甘露糖 17.6%，微生物限度符合云 YPBZ-0190—2012 标准。实验级石蜡粉和去离子水由云南生物工程研究中心提供。

按 5.2 节方案和步骤，调节操作环境的温度恒定为室温（24±1）℃。混合物样品制备时，将石蜡加热到 70℃ 使其融化后与铁皮石斛粉末、去离子水混合，使用自动搅拌器进行充分、均匀搅拌混合，恢复至室温后置入样品模压器件，压制得到混合物圆环柱状样品（内径为 3.04 mm、外径为 7 mm、长度根据测量需求确定），使用游标卡尺测量获得样品长度值并记录，称重并记录、真空包装，编号后置于 9℃ 条件环境中储藏待测。依次制备含水率分别为 3%、5.4%、11%、16%、22.5%、27%、33%、40%、45.5% 的 9 组共 27 个石斛-石蜡混合物样品，其粉末分数分别为 0.367、0.369、0.373、0.394、0.414、0.441、0.487、0.499、0.531。

5.5.2　石斛粉末介电特性随微波频率的变化规律

在测量的基础上，计算得到测量微波频段内不同含水率铁皮石斛粉末的介电特性参数值，结果见图 5-14。由图可知，随着频率的增加，同一含水率石斛粉的介电常数 ε' 和介电损耗因子 ε'' 呈单调递减趋势，含水率越高的样品，递减速度越快。为进一步分析递减趋势，分别对 9 个样品的介电常数 ε'、介电损耗因子 ε''、损耗正切值 $\tan\delta$ 与微波频率 F（$2\sim 5$ GHz）、含水率 M（$3\%\sim 45.5\%$）的关系进行直线拟合，得到表征拟合直线倾斜程度的斜率值见表 5-2。同时，结合图 5-14 可以看出：随着频率的增加，同一含水率样品的 ε'、ε'' 与 F 关系拟合直线的斜率呈单调递减变化趋势，$\tan\delta$ 与 F 关系拟合直线的斜率呈单调递增变化趋势，频率对介电特性的影响度为 $\varepsilon'>\varepsilon''>\tan\delta$。含水率越高的样品，拟合直线的斜率变化幅度越大、与微波场的耦合能力更强。

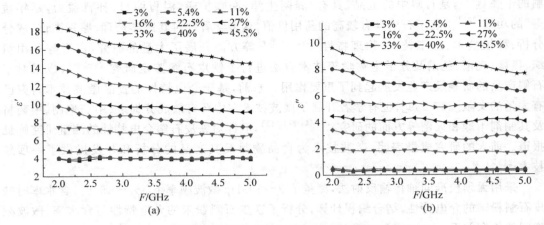

图 5-14　不同含水率样品的介电特性随微波频率的变化关系

(a) 介电常数 ε'；(b) 损耗因子 ε''

表 5-2　含水率和频率与 ε'、ε''、$\tan\delta$ 关系拟合直线的斜率

含水率/%	拟合直线的斜率		
	$\varepsilon'\sim F$	$\varepsilon''\sim F$	$\tan\delta\sim F$
3	−0.013	−0.021	−0.001
5.4	−0.022	−0.002	−0.001
11	−0.067	−0.023	−0.003
16	−0.373	−0.114	−0.002
22.5	−0.572	−0.184	0.007
27	−0.598	−0.189	0.017
33	−1.009	−0.203	0.021
40	−1.207	−0.436	0.011
45.5	−1.247	−0.463	0.012

5.5.3　石斛粉末含水率对介电特性的影响

为分析含水率与介电特性之间的相关性，以民用微波频率 2.45 GHz 为观测点，计算得到铁皮石斛粉的介电常数、介电损耗因子与含水率的关系见图 5-15。图示表明，随着含水率的增加，同一频率点上铁皮石斛粉末的介电常数 ε'、介电损耗因子 ε'' 和损耗角正切 $\tan\delta$ 呈单调递增趋势，为进一步分析递增幅度，对 ε'、ε''、$\tan\delta$ 与含水率（M）的关系进行直线拟合，得到拟合直线的斜率分别为 0.324、0.204、0.011，说明 ε'、ε''、$\tan\delta$ 随着含水率增加的递增幅度为 $\varepsilon'>\varepsilon''>\tan\delta$。进一步拟合分析可得，$\varepsilon'$、$\varepsilon''$、$\tan\delta$ 与含水率（M）之间的数学关系分别为

$$\varepsilon' = 3.449\,87 + 0.087\,36M + 0.008\,87M^2 - 9.6238\mathrm{e}^{-5}M^3 + 1.313\,33\mathrm{e}^{-7}M^4, \quad R^2 = 0.994$$

$$\varepsilon'' = 0.848\,15 - 0.253\,49M + 0.028\,46M^2 - 7.001\,85\mathrm{e}^{-4}M^3 + 6.139\,18\mathrm{e}^{-6}M^4, \quad R^2 = 0.996$$

$$\tan\delta = 0.1596 - 0.0389M + 0.0045M^2 - 1.3719\mathrm{e}^{-4}M^3 + 1.316\mathrm{e}^{-6}M^4, \quad R^2 = 0.975$$

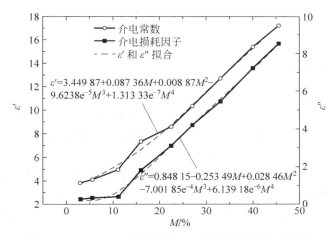

图 5-15　2.45 GHz 频率点处介电特性与含水率的关系

5.5.4　石斛粉末介电特性随微波频率和含水率的变化关系

在测量微波频段内，铁皮石斛粉的介电常数 ε'、介电损耗因子 ε'' 和损耗角正切 $\tan\delta$ 与频率 F、含水率 M 具有一定的线性关系。对图 5-14 中数据进行曲面拟合，分析可得：在频率 $2\sim5$ GHz、含水率 $5\%\sim41\%$ 条件下，铁皮石斛粉末的介电特性与微波频率、含水率之间满足如下数学关系：

$$\varepsilon' = 3.95 - 0.757F + 0.3016M - 0.032FM + 0.1287F^2 + 2.222e^{-3}M^2，\quad R^2 = 0.995$$

$$\varepsilon'' = 0.848\,15 - 0.253\,49M + 0.028\,46M^2 - 7.001\,85e^{-4}M^3 + 6.139\,18e^{-6}M^4，\quad R^2 = 0.989$$

$$\tan\delta = 5.92e^{-3} - 1.19e^{-2}F + 0.018M + 4.84e^{-4}FM + 1.025e^{-3}F^2 - 1.77e^{-4}M^2，\quad R^2 = 0.96$$

本节实验测定了铁皮石斛的微波介电特性。结果表明：铁皮石斛粉末的介电特性与微波频率、含水率具有一定的依存关系；随着频率的增加，同一含水率铁皮石斛粉末的 ε' 和 ε'' 单调递减变化，含水率越高的样品递减幅度越大；随着含水率的增加，同一频率下铁皮石斛粉末的 ε'、ε'' 和 $\tan\delta$ 单调递增变化。在测量数据的基础上，拟合获得了铁皮石斛粉末的介电特性与含水率、微波频率之间的经验公式，为铁皮石斛的微波鉴定、微波杀菌、微波干燥等提供参考。

5.6　鼓槌石斛粉末介电特性的实验研究与理论分析

鼓槌石斛是我国民间习用药用石斛种类之一，其粉末食用和携带方便，是其重要的成品之一。鉴于石斛具有较高的药用价值，众多学者对此开展了大量的研究，研究成果对于石斛产品研制及产业发展起到了重要作用，但研究主要集中在针对其医学药理[228]、鉴别图谱[244]、成分分析[245,246]、种植技术[231]、生理特性[229]、加工技术[247]等方面，少数学者针对石斛的物理特性[165,233]和微波辅助加工[248]进行了研究，但针对石斛介电特性的测量和研究成果不多，中国药典规定石斛粉末的水分不得超过 12%[249]。当前，针对石斛物料水分检测的无损、简单、便捷检测仪器相对缺乏。

采用无须校准同轴传输反射法，测量 $2\sim5$ GHz 微波频率下 $3\%\sim45.5\%$ 含水率时鼓槌石斛粉的介电特性,结合编程计算,分析鼓槌石斛粉的介电特性与含水率、微波频率间的依存关系。

5.6.1　实验材料与测量

鼓槌石斛粉末物料来源为店购,由云南向辉药业有限公司生产,质量标准为 YPBZ-0202—2014,产自云南,水分 8.5%,灰分 3.6%,浸出物 22.6%,毛兰素 0.29%。石蜡为实验用粉状石蜡,密度 0.87 g/cm³。按照测量要求选取不同体积比的石斛粉、石蜡粉进行混合制样后,将样品装于聚乙烯塑料袋中封存备用。

按 5.2 节方案和步骤,在室温(24±1)℃下,将石蜡加热到 70℃使其融化后与鼓槌石斛粉、去离子水混合,使用自动搅拌器进行充分、均匀搅拌混合,恢复至室温后置入样品模压器件,压制得到混合物圆环柱状样品(内径为 3.04 mm、外径为 7 mm、长度根据测量需求确定),使用游标卡尺测量获得样品长度值并记录,称重并记录、真空包装,编号后置于 9℃条件环境中储藏待测。依次制备含水率分别为 10%、15%、21.5%、24.6%、28%、32%、37.7%、40.8%、45.3% 的 9 组共 27 个鼓槌石斛/石蜡混合物样品,其粉末分数分别为 0.31、0.33、0.37、0.39、0.46、0.53、0.55、0.59、0.64。

5.6.2　鼓槌石斛粉末介电特性随微波频率的变化规律

在测量的基础上,计算得到测量微波频段内不同含水率鼓槌石斛粉的介电特性参数值,结果见图 5-16 所示。由图可知,随着频率的增加,同一含水率鼓槌石斛粉的介电常数 ε' 和介电损耗因子 ε'' 呈单调递减趋势,含水率越高的样品,递减速度越快。为进一步分析递减趋势,分别对 9 个样品的介电常数 ε'、介电损耗因子 ε''、损耗正切值 $\tan\delta$ 与微波频率 F(2~5 GHz)、含水率 $M \in (10\%, 45.3\%)$ 的关系进行直线拟合,得到表征拟合直线倾斜程度的斜率值分别为:ε' 与 F 关系拟合直线的斜率分别为 -0.093、-0.068、-0.203、-0.315、-0.349、-0.306、-0.371、-0.441、-0.955;ε'' 与 F 关系拟合直线的斜率分别为 -0.004、-0.002、-0.059、-0.091、-0.106、-0.053、-0.009、-0.173、-0.473;$\tan\delta$ 与 F 关系拟合直线的斜率分别为 0.001、0.001、-0.005、-0.004、-0.003、0.006、0.014、-0.005、-0.018。可以看出:随着频率的增加,同一含水率样品的 ε'、ε'' 与 F 关系拟合直线的斜率

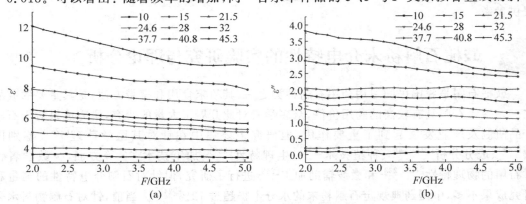

图 5-16　不同含水率样品的介电特性随微波频率的变化关系

(a)介电常数;(b)损耗因子

呈单调递减变化趋势,含水率越高的样品,介电特性随频率递减的幅度越大;tanδ 与 F 关系拟合直线的斜率基本保持不变,样品与微波场的耦合能力随频率的变化相差不大;频率对介电特性的影响度为 $\varepsilon' > \varepsilon'' > \tan\delta$。

5.6.3　鼓槌石斛粉末含水率对介电特性的影响

以民用微波频率 2.45 GHz 为观测点,计算得到鼓槌石斛粉的介电常数、介电损耗因子与含水率的关系见图 5-17。图示表明,随着含水率的增加,同一频率点上鼓槌石斛粉的介电常数 ε'、介电损耗因子 ε'' 和损耗角正切 $\tan\delta$ 呈单调递增趋势,为进一步分析递增幅度,分别对 ε'、ε''、$\tan\delta$ 与含水率(M)的关系进行直线拟合,得到拟合直线的斜率分别为 0.401、0.251、0.014,说明 ε'、ε'' 随着含水率增加的递增幅度为 $\varepsilon' > \varepsilon''$。进一步拟合分析可得,$\varepsilon'$、$\varepsilon''$ 与含水率(M)之间的数学关系分别为

$$\varepsilon' = 6.9806 - 0.8351M + 0.0666M^2 - 0.0019M^3 + 1.9474\mathrm{e}^{-5}M^4, \quad R^2 = 0.998$$

$$\varepsilon'' = 3.3031 - 0.7091M + 0.0511M^2 - 0.0014M^3 + 1.2857\mathrm{e}^{-5}M^4, \quad R^2 = 0.993$$

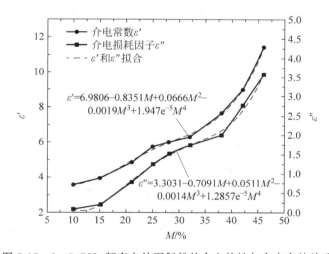

图 5-17　2.45 GHz 频率点处石斛粉的介电特性与含水率的关系

5.6.4　鼓槌石斛粉末介电特性随微波频率和含水率的变化关系

鼓槌石斛粉的介电常数 ε'、介电损耗因子 ε'' 和损耗角正切 $\tan\delta$ 与频率 F、含水率 M 具有一定的线性关系。对图 5-16 中数据进行曲面拟合,分析可得:鼓槌石斛粉的介电特性与微波频率 $F(2\sim5\ \mathrm{GHz})$、含水率 $M \in (10\%, 45.3\%)$ 之间满足如下数学关系:

$$\varepsilon' = 3.6690 - 0.2486F + 0.0257M - 0.018FM + 0.060F^2 + 0.0038M^2, \quad R^2 = 0.979$$

$$\varepsilon'' = -1.194 + 0.2314F + 0.082M - 0.008FM - 0.0141F^2 + 5.751\mathrm{e}^{-4}M^2, \quad R^2 = 0.97$$

$$\tan\delta = -0.27 + 2.96\mathrm{e}^{-2}F + 0.025M - 1.51\mathrm{e}^{-4}FM - 3.8\mathrm{e}^{-3}F^2 - 2.9\mathrm{e}^{-4}M^2, R^2 = 0.96$$

本节实验测量了鼓槌石斛粉的微波介电特性。分析结果表明:鼓槌石斛粉的介电特性与微波频率、含水率具有一定的依存关系;随着频率的增加,同一含水率鼓槌石斛粉的 ε' 和 ε'' 单调递减变化,含水率越高的样品递减幅度越大;随着含水率的增加,同一频率下鼓槌石斛粉的 ε'、ε'' 和 $\tan\delta$ 单调递增变化。在测量数据的基础上,拟合获得了鼓槌石斛粉的介电

特性与含水率、微波频率之间满足的经验公式,为鼓槌石斛粉的微波鉴定、杀菌和干燥等提供依据。

 ## 5.7　天麻粉末介电特性的实验研究与理论分析

天麻(Rhizoma Gastrodia)为兰科植物的干燥块茎,主产于贵州、四川、云南及陕西等地[250],是我国常用名贵中药材之一,具平肝熄风、通络止痛之效,主要用于治疗头晕目眩、肢体麻木、惊风、癫痫、高血压、耳源性眩晕症等,其粉末因食用和携带方便成为其重要的成品之一。鉴于天麻具有较高的药用价值,众多学者对此开展了大量的研究,成果对于天麻产品研制及产业发展起到了重要作用,但研究内容主要针对其医学药理、质量评价、成分分析、指纹图谱、种植技术和炮制等[251-254]方面,少数学者针对开展了电磁环境对天麻生长的影响研究,证明了人工物理电磁环境对天麻的生长具有良性刺激作用[255]。也有学者开展了微波技术在中药有效成分提取、中药炮制、中药材及其制剂干燥和灭菌等方面的研究[44, 240-242],针对天麻的介电特性测量研究鲜见报道。现有研究成果表明,微波频率、含水率与物料的介电特性具有依存关系,微波技术为食品物料及其产品的分析和开发提供了一项新技术[243]。

采用无须校准同轴传输反射法测量 2~5 GHz 微波频率下 3%~45.5%含水率时天麻粉末的介电特性,结合编程计算,分析了昭通天麻粉末的介电特性与含水率、微波频率间的依存关系。

5.7.1　实验材料与测量

天麻产自云南昭通,天麻片来源为店购,由云南鑫发药业有限公司生产,生产许可证号:滇 20160157,批号:161002。将天麻片碾磨后得到天麻粉末,密封保存待用,常温下粉末含水率为 10.2%。石蜡为实验室专用粉状石蜡,密度 0.87 g/cm³。

按 5.2 节方案和步骤,在室温(24±1)℃下,将石蜡加热到 70℃使其融化后与天麻粉末、去离子水混合,使用自动搅拌器进行充分、均匀搅拌混合,恢复至室温后置入样品模压器件,压制得到混合物圆环柱状样品(内径为 3.04 mm、外径为 7 mm、长度根据测量需求确定),使用游标卡尺测量获得样品长度值并记录、称重并记录、真空包装,编号后置于 9℃条件环境中储藏待测。依次制备含水率分别为 5.3%、8.5%、10.2%、17%、23.6%、26%、31%、35%、40%的 9 组共 27 个天麻/石蜡混合物样品,其粉末体积分数分别为 0.558、0.560、0.577、0.582、0.604、0.607、0.609、0.612、0.620。

5.7.2　天麻粉末介电特性随微波频率的变化规律

在测量的基础上,计算得到测量微波频段内不同含水率天麻粉末的介电特性参数值,结果见图 5-18。由图可知,随着频率的增加,同一含水率天麻粉的介电常数 ε' 和介电损耗因子 ε'' 呈单调递减趋势,含水率越高的样品,递减速度越快。为进一步分析递减趋势,分别对 9 个样品的介电常数 ε' 介电损耗因子 ε'' 损耗正切值 $\tan\delta$ 与微波频率 F(2~5 GHz)、含水率 $M\in(5.3\%\sim40\%)$ 的关系进行直线拟合,得到表征拟合直线倾斜程度的斜率值分别为:ε' 与 F 关系拟合直线的斜率分别为 -0.024、-0.038、-0.057、-0.234、-0.352、-0.593、

−1.274、−1.631、−1.872；ε'' 与 F 关系拟合直线的斜率分别为 −0.022、−0.025、−0.034、−0.070、−0.151、−0.236、−0.619、−0.747、−0.843；$\tan\delta$ 与 F 关系拟合直线的斜率分别为 −0.005、−0.006、−0.007、−0.004、0.002、−0.004、−0.008、0.005、−0.009。可以看出：随着频率的增加，同一含水率样品的 ε'、ε'' 和 F 关系拟合直线的斜率呈单调递减变化趋势，含水率越高的样品，介电特性随频率递减的幅度越大。$\tan\delta$ 与 F 关系拟合直线的斜率基本保持不变，样品与微波场的耦合能力随频率的变化相差不大；频率对介电特性的影响度为 $\varepsilon'>\varepsilon''>\tan\delta$。

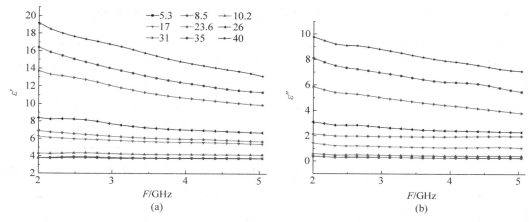

图 5-18　不同含水率样品的介电特性随微波频率的变化关系
(a) 介电常数；(b) 损耗因子

5.7.3　天麻粉末含水率对介电特性的影响

以民用微波频率 2.45 GHz 为观测点，计算得到天麻粉的介电常数、介电损耗因子与含水率的关系见图 5-19。图示表明：随着含水率的增加，同一频率点上天麻粉末的介电常数 ε'、介电损耗因子 ε'' 和损耗角正切 $\tan\delta$ 呈单调递增趋势，为进一步分析递增幅度，分别对

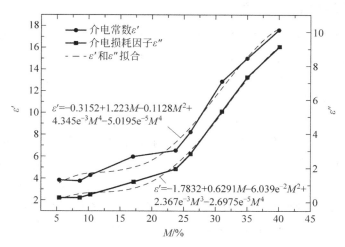

图 5-19　2.45 GHz 频率点处天麻粉的介电特性与含水率的关系

ε'、ε''、$\tan\delta$ 与含水率(M)的关系进行直线拟合,得到拟合直线的斜率分别为 0.401、0.251、0.014,说明 ε'、ε''、$\tan\delta$ 随着含水率增加的递增幅度为 $\varepsilon'>\varepsilon''>\tan\delta$。进一步拟合分析可得,$\varepsilon'$、$\varepsilon''$、$\tan\delta$ 与含水率(M)之间的数学关系分别为

$$\varepsilon' = -0.3152 + 1.223M - 0.1128M^2 + 4.345e^{-3}M^3 - 5.0195e^{-5}M^4, \quad R^2 = 0.998$$

$$\varepsilon'' = -1.7832 + 0.6291M - 6.039e^{-2}M^2 + 2.367e^{-3}M^3 - 2.6975e^{-5}M^4, \quad R^2 = 0.993$$

$$\tan\delta = 0.0899 - 0.0084M + 0.0012M^2 - 2.0769^{-5}M^3 + 7.379e^{-8}M^4, \quad R^2 = 0.995$$

5.7.4　天麻粉末介电特性随微波频率和含水率的变化关系

天麻粉末的介电常数 ε' 介电损耗因子 ε'' 和损耗角正切 $\tan\delta$ 与频率 F、含水率 M 具有一定的线性关系。对图 5-18 中数据进行曲面拟合,分析可得:天麻粉的介电特性与微波频率 $F \in (2,5)$GHz、含水率 $M \in (10\%, 45\%)$ 之间满足如下数学关系

$$\varepsilon' = 3.791 - 0.3191F + 0.0609M - 0.0553FM + 0.123F^2 + 0.0107M^2, \quad R^2 = 0.980$$

$$\varepsilon'' = 0.4805 + 0.0654F - 0.0431M - 0.025FM + 0.0453F^2 + 7.992e^{-3}M^2, \quad R^2 = 0.994$$

$$\tan\delta = 0.0223 - 0.0171F + 0.0127M + 3.473e^{-4}FM + 1.256e^{-3}F^2 + 4.367e^{-6}M^2, \quad R^2 = 0.995$$

本节实验采用无校准同轴传输反射法实验测定了微波频段下天麻的介电特性。结果表明:天麻粉末的介电特性与微波频率、含水率具有一定的依存关系;随着频率的增加,同一含水率天麻粉末的 ε' 和 ε'' 单调递减变化,含水率越高的样品递减幅度越大;随着含水率的增加,同一频率下天麻粉末的 ε'、ε'' 和 $\tan\delta$ 呈单调递增变化。在测量的基础上,拟合获得了天麻粉末的介电特性与含水率、微波频率之间满足的经验公式,为天麻的微波鉴定、杀菌和干燥等提供参考。

5.8　菜籽类颗粒物料介电特性的实验研究与理论分析

5.8.1　实验材料和测量

待测菜籽类颗粒状农产品的物料来源为市场购买。图 5-20 所示,分别为白叶苋菜、包心芥、大红苋菜、香菜籽、白菜籽、野荠菜和油菜籽,按 5.2 节方法和步骤,在室温(24 ± 1)℃下,使用排水法测量得到体积分数分别为:0.684、0.598、0.684、0.556、0.684、0.513、0.598,使用水分测量仪测得室温下水分含量分别为 12.36%、8.19%、14.06%、12.10%、13.29%、10.64% 和 16.4%,除杂后装于聚乙烯塑料袋中封存。

使用颗粒状农产品介电特性测量方案进行测量,首先,测量空气、Teflon 填充同轴线的 S 参数并保存;其次,将待测颗粒状农产品放入同轴传输线的两个 Teflon 薄片之间(填满),稳定后测量空气、Teflon 和待测样品部分填充同轴线的 S 参数并保存,重复 3 次得到颗粒状农产品-空气混合物的等效介电特性。依据 5.1.2 节编程程序计算式(5-29)实现混合物散射参数与介电特性的转换,依据 5.1.3 节 MGEM 公式,编制程序求解获得颗粒状农产品的复介电特性。

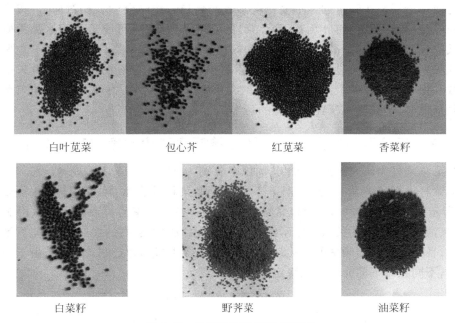

图 5-20　不同蔬菜种籽的实物图

5.8.2　菜籽颗粒的介电特性随微波频率的变化规律

测量了白叶苋菜、包心芥、红苋菜、香菜籽、白菜籽、野荠菜和油菜籽的介电特性,其中频率范围为 $F \in (2,6)\mathrm{GHz}$,温度为 $(24 \pm 2)℃$,不同颗粒型菜籽的介电常数、损耗因子与频率的关系图 5-21 所示,图示表明:室温下颗粒状农产品的介电常数随着频率的升高而降低,损耗因子则有可能上升也可能下降,这可能与微波穿透能力和颗粒的形状、大小有关,此变

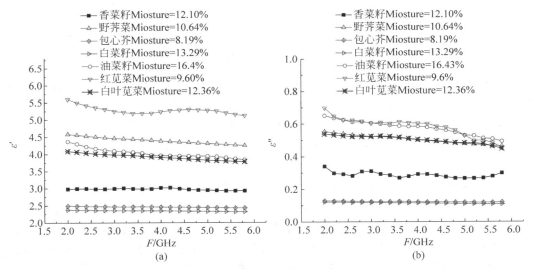

图 5-21　菜籽类农产品的介电特性与微波频率的关系

（a）介电常数；（b）损耗因子

化趋势与使用谐振腔法测量的冬小麦介电参数变化趋势相吻合[3]。相对而言,密实度较高的小颗粒样品(如红苋菜、白叶苋菜、野荠菜)的介电常数较高,可能是由于这类物质的高电导率和低空气间隙率所致,高含水(油)率的颗粒状样品(如红苋菜、油菜籽)的介电常数和损耗因子随频率的变化更明显。由图 5-21 可以看出,尽管红苋菜籽的含水率仅为 9.6%,但其介电常数和损耗因子都是最高的;白菜籽的含水率虽然高达 13.29%,但其介电常数和损耗因子都是最低的,其数值不及红苋菜籽的一半。

5.8.3　菜籽类颗粒介电特性随微波频率和含水率的变化关系

以红苋菜菜籽为研究对象,对含水(油)率分别为 21.5%、15.1%、9.6%、5.9%、1.9% 的红苋菜菜籽进行了测量,得到室温下不同颗粒型菜籽的含水(油)率与介电参数关系如图 5-22 所示,其中图 5-22(a)为介电常数与含水(油)率和频率的关系,图 5-22(b)为损耗因子与含水(油)率和频率的关系。图示结果表明,含水(油)率越高的农产品,介电常数和损耗因子越大,且介电特性随频率的变化趋势更明显,当含水(油)率超过 20% 时,由于内部水分子的作用,不同频率下的介电特性稳定性降低。

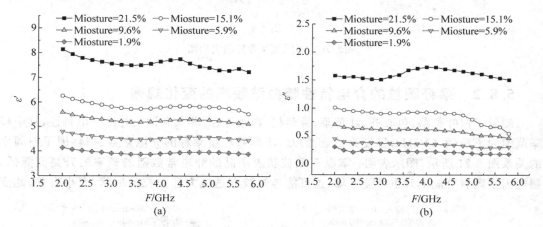

图 5-22　颗粒型红苋菜菜籽农产品的介电特性与微波频率、含水率的变化情况
(a) 介电常数;(b) 损耗因子

为进一步指导农产品的微波辅助应用,得到在民用微波频率(2.45 GHz)处红苋菜的介电参数与含水(油)率的关系如图 5-23 所示。设定介电参数为 ε',损耗因子为 ε'',含水(油)率为 M,拟合得到红苋菜菜籽的介电特性与含水(油)率的关系式如下:

$$\varepsilon' = 3.578\,58 + 0.185\,98M, \quad R^2 = 0.972$$

$$\varepsilon'' = -0.007\,24 + 0.0691M, \quad R^2 = 0.973$$

本节实验使用无校准同轴传输反射法测定了 7 种菜籽类颗粒状农产品在微波频段内的介电特性,得到介电特性与微波频率、含水(油)率之间的关系,测量结果表明,介电特性与微波频率、含水(油)率具有一定的依存关系;随着频率的增加,介电常数随着频率的升高而降低,损耗因子则有可能上升也可能下降,相对而言,填充密实度较高的小颗粒样品(如红苋菜、白叶苋菜、野荠菜)的介电常数较高,高含水(油)率的颗粒状样品(如红苋菜、油菜籽)的介电常数和损耗因子随频率的变化更明显。同时,拟合获得红苋菜菜籽在 2.45 GHz 处的介电特性与含水(油)率之间的数学表达式,为红苋菜菜籽的微波辅助应用提供依据。

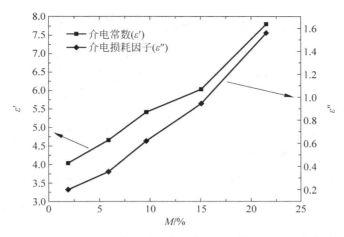

图 5-23 2.45 GHz 频率点处红苋菜菜籽介电特性与含水率的关系

5.9 杂粮类颗粒物料介电特性的实验研究与理论分析

5.9.1 实验材料和测量

待测菜籽类颗粒状农产品来源为店购,如图 5-24 所示,分别为黑芝麻、玉米渣粒、紫米和小米,按 5.3 节方法和步骤,在室温(24±1)℃下,使用排水法测量得到体积分数分别为:0.598、0.513、0.598、0.598,使用水分测量仪测得室温下水分含量分别为 8.99%、12.05%、14.17%、13.35%,除杂后装于聚乙烯塑料袋中封存。待测农产品的实物如图 5-24 所示。

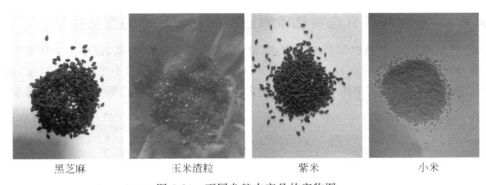

黑芝麻　　　　　　玉米渣粒　　　　　　紫米　　　　　　小米

图 5-24 不同杂粮农产品的实物图

使用颗粒状农产品介电特性测量方案进行测量,一是测量空气、Teflon 填充同轴线的 S 参数并保存;测量时,二是将待测农产品放入同轴传输线的两个 Teflon 薄片之间(填满),稳定后测量空气、Teflon 和待测样品部分填充同轴线的 S 参数并保存,重复 3 次得到农产品/空气混合物的等效介电特性。依据 5.1.2 节编程程序计算式(5-29)实现混合物散射参数与介电特性的转换,依据 5.1.3 节 MGEM 方法,编制程序求解得到农产品的介电参数。

5.9.2　杂粮颗粒的介电特性随微波频率的变化规律

测量了黑芝麻、玉米渣粒、紫米和小米的介电特性,其中频率范围为,温度为(24 ± 1)℃,频率$F\in(2,6)$GHz,不同的颗粒型杂粮的介电常数、损耗因子与频率的关系如图5-25所示。图示表明,室温下颗粒状农产品的介电常数随着频率的升高而降低,损耗因子整体上呈下降趋势。相对而言,颗粒为多种形状混合的农产品(如玉米渣粒)介电常数较高,这可能是由于这类物质由后期加工碾磨而得、颗粒形状差异较大所致;高含水(油)率的颗粒状样品(如紫米)的介电常数和损耗因子随频率的变化更明显。

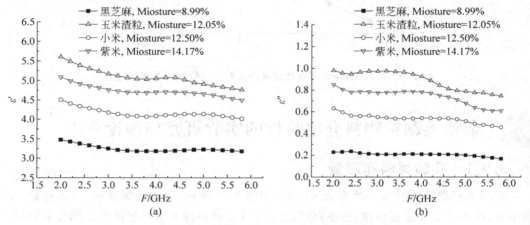

图5-25　杂粮类农产品的介电特性与微波频率的关系
(a) 介电常数;(b) 损耗因子

5.9.3　杂粮颗粒介电特性随微波频率和含水率的变化关系

为研究室温下不同颗粒型杂粮的含水(油)率与介电参数的关系,以小米为研究对象,对含水(油)率分别为23.58%、18.20%、12.50%、5.50%、2.00%的小米进行了测量,测量结果分别如图5-26所示,其中图5-26(a)为介电常数与含水(油)率和频率的关系,图5-26(b)

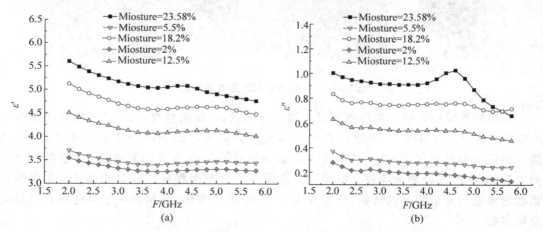

图5-26　小米的介电特性与微波频率、含水率的关系
(a) 介电常数;(b) 损耗因子

为损耗因子与含水(油)率和频率的关系。图示结果表明,含水(油)率越高的农产品,介电常数和损耗因子越大,且介电特性随频率的变化趋势更明显;当含水(油)率超过20%时,由于物质内部水分子的作用,高频段下的介电特性稳定性降低,如当含水(油)率为23.58%时损耗因子在4GHz后出现跃变倾向。

为指导农产品的微波辅助应用,得到在民用微波频率处(2.45GHz)小米的介电特性与含水(油)率的关系如图5-27所示。设定介电参数为ε',损耗因子为ε'',含水(油)率为M,拟合得到小米的介电特性与含水率的关系式如下:

$$\varepsilon' = 3.167\,27 + 0.094\,11M, \quad R^2 = 0.997$$

$$\varepsilon'' = 0.146\,15 + 0.032\,16M, \quad R^2 = 0.991$$

本节实验使用无校准同轴传输反射法测定了4种杂粮类颗粒状农产品在微波频段内的介电特性,得到介电特性与微波频率、含水(油)率之间的关系。测量结果表明,介电特性与微波频率、含水(油)率具有一定的依存关系;随着频率的增加,介电常数随着频率的升高而降低,损耗因子则有可能上升也可以能下降,相对而言,颗粒为多种形状混合的农产品(如玉米渣粒)介电常数较高,这可能是由于这类物质由后期加工碾磨而得、颗粒形状差异较大所致;高含水(油)率的颗粒状样品(如紫米)的介电常数和损耗因子随频率的变化更明显,当含水(油)率较高时,在高频区域会导致介电特性参数出现跃变。同时,拟合获得小米颗粒在2.45GHz处的介电特性与含水(油)率之间的数学表达式,为杂粮类农产品的微波辅助应用提供参考。

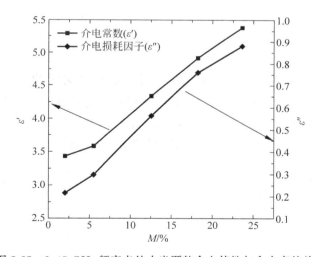

图5-27　2.45GHz频率点处小米颗粒介电特性与含水率的关系

5.10 草籽类颗粒物料介电特性的实验研究与理论分析

5.10.1 实验材料和测量

待测草籽类颗粒状农产品来源为店购,如图5-28所示,分别为早熟禾、白三叶、虞美人、剪股颖、狗牙根和黑心菊,按5.3节方法和步骤,在室温(24±1)℃下,使用排水法测量得到体积分数分别为:0.598、0.684、0.513、0.598、0.513、0.427,使用水分测量仪测得室温下水分含量分别为 14.22%、11.84%、9.82%、12.01%、13.28% 和 8.84%，除杂后装于聚乙烯塑料袋中封存。

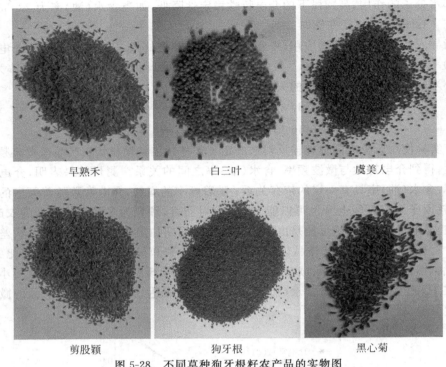

图 5-28 不同草种狗牙根籽农产品的实物图

5.10.2 草籽颗粒的介电特性随微波频率的变化规律

测量了早熟禾、白三叶、虞美人、剪股颖、狗牙根和黑心菊的介电特性，其中频率范围为 $F \in (2,6)$GHz，温度为 (24 ± 2)℃，不同的颗粒型草籽的介电常数、损耗因子与频率的关系如图 5-29 所示。图示表明，室温下颗粒状农产品的介电常数随着频率的升高而降低，损耗

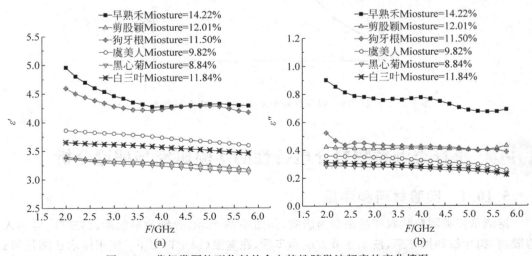

图 5-29 草籽类颗粒型物料的介电特性随微波频率的变化情况

(a) 介电常数；(b) 损耗因子

因子整体呈下降趋势。相对而言,密实度较高的小颗粒样品(如早熟禾、狗牙根)的介电常数较高,可能是由于这类物质的低空气间隙率所致,高含水(油)率的颗粒状样品(如早熟禾)的介电常数和损耗因子随频率的变化更明显。

5.10.3　草籽颗粒介电特性随微波频率和含水率的变化关系

为研究室温下不同颗粒型草籽的含水(油)率与介电参数的关系,以狗牙根草籽为研究对象,对含水(油)率分别为 21.11%、17.11%、11.50%、5.90%、1.80%的狗牙根草籽进行了测量,测量结果分别如图 5-30 所示,其中图 5-30(a)为介电常数与含水(油)率和频率的关系,图 5-30(b)为损耗因子与含水(油)率和频率的关系。图示结果表明,含水(油)率越高的农产品,介电常数和损耗因子越大,且介电特性随频率的变化趋势更明显,当含水(油)率超过 20%时,由于内部水分子的作用,不同频率下的介电特性稳定性降低,当狗牙根草籽的含水(油)率为 21.11%时,在 5 GHz 附近损耗因子发生跃变。

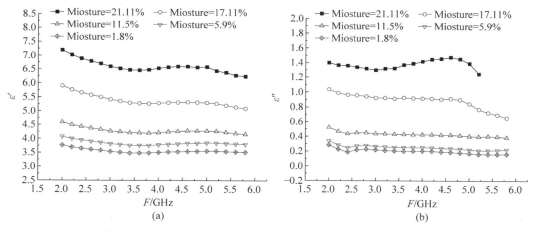

图 5-30　狗牙根草籽的介电特性随微波频率、含水率的变化情况
(a) 介电常数;(b) 损耗因子

为进一步指导农产品的微波辅助应用,得到在民用微波频率点(2.45 GHz)处狗牙根草籽的介电参数与含水(油)率的关系如图 5-31 所示。设定介电参数为 ε',损耗因子为 ε'',含水(油)率为 M,拟合得到小米的介电特性与含水(油)率的关系式如下:

$$\varepsilon' = 3.898\,43 + 0.011\,35M^2 - 0.087\,82M, \quad R^2 = 0.989$$

$$\varepsilon'' = 0.217\,19 + 0.003\,51M^2 - 0.018\,54M, \quad R^2 = 0.997$$

本节实验使用无校准同轴传输反射法测定了 6 种草籽类颗粒状农产品在微波频段内的介电特性,得到介电特性与微波频率、含水(油)率之间的关系,测量结果表明,介电特性与微波频率、含水(油)率具有一定的依存关系;随着频率的增加,介电常数随着频率的升高而降低,损耗因子则有可能上升也可以能下降,相对而言,填充密实度较高的小颗粒样品(如早熟禾)的介电常数较高,高含水(油)率的颗粒状样品(如早熟禾)的介电常数和损耗因子随频率的变化更明显。当含水(油)率较高时,在高频区域会导致介电特性参数出现跃变。同时,

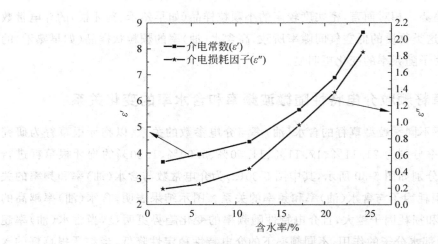

图 5-31　2.45 GHz 频率点处狗牙根草籽介电特性与含水率的关系

拟合获得小米颗粒在 2.45 GHz 处狗牙根的介电特性与含水(油)率之间的数学表达式,为杂粮类农产品的微波辅助应用提供参考。

第6章
农产品微波加工技术应用展望

    本书主要研究农产品在微波热加工中所涉及的基础性问题,分析了物料介质特性在微波热加工中的作用原理,探讨和研究通过改变微波反应腔的腔体内壁结构来优化微波加热效率和加热均匀性的路径和方法、颗粒型混合物等效介电特性的通用 MGEM 计算公式及采用 MC-FEM 方法分析研究不同因素对多种颗粒类型混合物料的等效介电特性和局域电场分布的影响,实验测量在微波频段下农(副)产品的介电特性,以期为促进微波热加工技术在农业领域的应用提供有益的帮助和指导,得到的主要研究结果如下:

    (1) 综合分析微波在农业领域的应用现状和多模微波加热面临的主要问题,归纳、总结颗粒型混合物等效介电特性的理论研究、数值模拟和实验测量研究进展。结果表明,现有基于介电特性的非磁性涉农物料微波热加工应用研究中,主要集中于具有高介电常数的鲜食类蔬菜、果品及少量主要粮食作物(小麦、水稻等)的实验测量研究,对于其他农产品介电特性的理论研究和测量研究相对较少,针对名贵中药材的介电特性测量研究基本属于空白;截至目前,农产品微波热应用的市场化、规模化还远未形成与需要相适应的规模,且面临着能源利用率有待提高和物料介电特性不明等现实问题。

    (2) 从电磁理论出发,分析介质的极化机制和微波能量转化的原理,探讨了物料电磁特征参数 σ、ε'、ε''、μ'、μ'' 在微波热加工物料过程中的具体作用和贡献,并据此分析理想介质、理想导体、一般导体、极性介质等典型介质的吸波特性。结果表明,微波加热过程是电磁波能量转化为热能的过程,物料对微波能的吸收和转化取决于物料的介电特性,其中,介电常数和电导率直接影响物料中微波能量的转化,介电损耗因子直接影响物料中微波能量的储存;微波热加工过程中,进入物料中的微波有功功率分别以欧姆损耗、极化损耗、磁化损耗的方式被物料所吸收。由于大多数农产品都为非磁性物质,故主要围绕物料的介电特性开展相关研究。

    (3) 提出通过改变微波反应腔腔体内壁结构来优化微波加热效率和

加热均匀性的路径和方法。使用 HFSS 软件模拟仿真多种不同结构的内置装置对微波反应器加热指标参数的影响,分析获得内置装置的最优结构参数规律。结果表明,通过优化腔体内壁结构既可提高微波加热效率,又可改善加热的均匀性,且能抑制腔内高电场聚集区域的形成,为微波热加工物料过程中的"热点"预警和反应器设计优化提供理论和技术支持。与常规光滑腔壁反应腔相比,在箱式反应腔的腔体内壁上设置半圆柱型凸槽和脊型凹槽结构装置,加热效率最大值可达 98.75%、均匀性最大提升幅度达 57.54%,且最优结构参数的分布区间相对较广;在玻璃内筒壁上设置凹弧面装置,在不牺牲加热效率的前提下,圆柱形微波反应腔物料内的场分布均匀性可提高 10.7%;选取合适的光子晶体结构能有效提升圆柱形微波反应腔的加热效率和加热均匀性。

(4) 阐述颗粒型混合物等效介电特性的计算原理,提出应用 MonteCarlo 随机方法和 Comsol Multiphysics 有限元计算软件(MC-FEM)分析计算颗粒随机分布混合物的等效介电特性,编制相应的模型生成程序和数值计算程序,并验证了 MC-FEM 方法的正确性。结果表明,在基质和基体的介电常数比和体积分数比为固定值的条件下,基于 MC-FEM 方法的混合物等效介电特性批量模拟数值结果呈正态分布,其计算结果与相关理论、实例数据相吻合,该方法能反映颗粒位置随机分布情形下的混合物等效介电特性数值范围,可有效模拟和计算三维情形下颗粒型混合物的等效介电特性。

(5) 针对传统 GEM 公式的局限性,提出分析和计算颗粒型二元混合物等效介电特性的修正 GEM(MGEM)公式,将传统 GEM 公式中待定的特征参数 A 和 t 表征为颗粒物质介质参数(ε_i)和基体物质介质参数(ε_e)的函数表达式,运用 MC-FEM 方法分析计算了 $\varepsilon_i/\varepsilon_e \in (1/50, 50)$ 和 $f_i \in (0, 1)$ 条件下颗粒随机填充混合物的等效介电特性,验证 MGEM 公式的有效性。结果表明,无论是针对混合物的介电常数(ε')还是介电损耗因子(ε''),MGEM 公式的计算结果与实验测量值、MC-FEM 数值方法计算值、经典理论公式计算值等大量实例数据吻合较好,利用 MGEM 公式计算颗粒型二元混合物等效介电特性具有较好的正确性、准确性和有效性,为颗粒型农产品的等效介电特性分析提供了一个简单、通用、有效的计算公式。

(6) 采用 MC-FEM 方法,模拟分析颗粒结构形状与混合物等效介电特性的关系,研究双组分、三组分、核壳颗粒型混合物中各组分的物理特性、电学特性对混合物等效介电特性和吸波特性的影响。结果表明,在模拟计算中,颗粒结构形状对混合物的等效介电特性计算结果有影响,可采用球体+正方体结构形状模拟椭球形颗粒(农产品)物料的等效介电特性;各组分的物理特性、介电特性均对混合物的等效介电特性和吸波特性有影响,会使混合物中的局域场出现增强现象,其中,颗粒物质的体积分数和介电常数变化主要影响混合物的等效介电特性,颗粒物质的电导率变化主要影响混合物吸收峰中心频率的位置,壳核结构颗粒混合物中出现双吸收峰。针对预处理对象的物质属性及结构形态开展数值模拟研究和微波辅助应用设计,能节约成本、有效提升微波能利用率。

(7) 探究适合于分析堆积型农业物料等效介电特性的仿真模型,融合离散元法、有限元法和平均能量法等技术方法的优越性,采用 DEM 模拟颗粒状农产品籽料的自然堆积状态,获得颗粒空间分布的位置坐标和方向分布矩阵数据,基于 Comsol 软件构建了农产品籽料/空气混合物等效介电特性的 FEM 模拟模型,采用 AEM 进行数值求解,对堆积模型的有效性进行了验证,并对适合于堆积物料介电特性计算的 MGEM 公式进行了修正。

（8）提出基于无校准同轴传输/反射法的农产品介电特性测量方案和基于 MGEM 公式的测量实施方案,对实验测量过程中的样品制备、体积分数计算、测量方法、含水率测量和介电常数计算等关键环节进行了详细研究和分析。测量并获得了微波频段下 22 种粉末物质、菜籽颗粒、杂粮颗粒和草籽颗粒的介电特性,计算并拟合得到不同农(副)产品的介电常数、损耗因子与微波频率、含水率之间的数学关系式。结果表明,无校准同轴传输/反射法能有效解决传统测量方法中遇到的夹具校准、多样品测量和样品位置确定难度大等问题,可用于农产品的介电特性测量和计算;在微波频段内,农产品的介电常数、介电损耗因子和损耗角正切与频率、含水率呈现出近似线性关系;室温下农产品的介电常数 ε' 随着频率的升高而降低,损耗因子 ε'' 则有可能上升也可能下降,微波频率对介电特性的影响度为 $\varepsilon' > \varepsilon''$;随着含水率的增加,同一频率处农产品的介电常数、介电损耗因子和损耗角正切呈单调递增趋势;相对而言,颗粒为多种形状混合的农产品或者密实度较高(小颗粒)的农产品,其介电常数和介电损耗因子较大。拟合分析表明,在室温、含水率 $M \in (2\%, 25\%)$ 和民用微波频率 2.45 GHz 条件下,农产品干物质的介电常数(ε')介于 3.5~9.0 之间,介电损耗因子(ε'')介于 0.1~3.0 之间,所获得的多项式拟合方程可用于预测其他颗粒(或粉末)农产品在不同频率和含水率条件下的介电特性。

（9）本书对农产品微波加工中所涉及的部分基础性问题进行了探讨,展望未来,中国农产品加工业的发展亟待先进技术支持,农产品微波加工技术应用的市场化还远未形成与需求相适应的规模,相关技术亟待学者们进行更系统的深入研究,且随着科学技术的不断进步,针对不同类型农产品加工需求的微波技术创新具有较大的发展空间,微波技术在农业工程领域的应用前景非常广阔。

6.1　农产品初加工发展的先进技术支持

农业是人类社会的衣食之源与生存之本,是物质生产部门与一切非物质生产部门存在和发展的必要条件,随着经济社会发展的新需求所带来的自然资源快速消费,出现了气候变暖、土地退化、环境污染、资源利用率低、生物多样性减少、病虫害破坏等影响全球农业发展和农业安全的重大资源、环境问题[256],具有较高综合生产率、良好区域生态环境、先进农业科技及生物技术特征的现代农业建设势在必行。

我国是农业大国,农产品资源十分丰富,粮食、蔬菜和水果等主要农产品的产量多年来一直稳居世界首位[257]。几十年来,我国的农产品加工业取得了巨大成就,但与农业现代化要求相比,总体发展水平仍然偏低,农业农村部指出,当前我国部分农产品的加工不足和加工过度问题突出[258],超过 50% 的农产品的初加工环节由农户自行完成(有的品种高达 80% 以上),其初加工技术(含干燥)仍停留在传统粗加工阶段,设施简陋、方法原始、工艺落后,导致了产后损失严重、产品档次低,严重侵蚀了农业增效、农民增收的基础,也给农产品的有效供给和质量安全带来了压力和隐患。有专家指出,我国储粮、蔬菜、马铃薯的产后损失率分别为 7%~11%、20%~25%、15%~20%,远高于发达国家的平均损失率[259]。以澳洲坚果为例,中国澳洲坚果的种植面积居全球第一、种植产量居全球第四,云南省澳洲坚果的种植面积和壳果产量分别占全国的 95%、90%[260],但在实际生产中,产品仍以产地初加工后的壳果为主(约占 90%)、果仁产品为辅(占 5%~10%)[261],深加工程度不够。其次,在澳洲坚果的产后加工艺流程(带荚坚果→脱果荚→带壳果分级→带壳果干燥→储藏→破果壳→果仁分级→包装[262])中,产后带壳果干燥对于其营养保存、色泽和市场销售价格至关重要,因为刚采摘的坚果果仁含水量为 25%~28%(干基),若不进行及时的干燥处理,高温、高湿会导致果实褐变、腐烂、霉变等现象[263],进而发生一系列成分的变化[262]。因此,必须将采收去荚后的澳洲坚果带壳果干燥至含水率降至 3.0% 左右,使果仁缩小到果壳内部并与壳体内壁分离(果实破壳时不会损伤果仁)。目前,云南澳洲坚果的产地初加工干燥处理主要以自然晾晒、烤房烘干和热风机械烘烤为主,将果仁含水量降到 7% 约需 7 d 时间,能源消耗主要为薪柴和煤炭。存在着干燥时间长、人工依赖高、生产效益低、产品质量降低和破坏生态环境(柴、煤)等问题。即使是采用鼓风晒干法,果仁含水量最多也只能降至7.0% 左右,达不到长期储藏的要求。这引起了人们对开发先进干燥技术的极大兴趣,针对该产业产品加工率低、科技支撑缺乏、市场占有率低等问题,急需探寻一条生态、低碳、可持续(可再生、可降解、可循环)发展的云南澳洲坚果产业道路[260]。

大力发展农产品加工业,推进农产品加工技术高新化,是我国从农业大国走向农业强国的必经之路,已经成为当前我国农产品加工业提升发展中亟待解决的首要问题。对此,国家出台了《"十四五"推进农业农村现代化规划》《中共中央　国务院关于做好 2022 年全面推进乡村振兴重点工作的意见》等一系列指导性文件,提出坚持农业农村优先发展,加快实施农业关键核心技术攻关工程,推进减损、提质、增效的农产品产地初加工项目,依托特色农产品推进西部经济欠发达地区产地初加工,大力推进农业机械化、智能化,给农业现代化插上科技的翅膀。到 2025 年,农产品初加工机械化率总体达到 50% 以上,农产品加工环节损失率降到 5% 以下[264]。在此背景下,各地相继启动绿色能源及现代农业领域科技计划项目,针对绿色食品及现代农业产品开展关键核心和共性技术攻关,不断开发出微波技术、膜分离技术、超临界萃取技术和微胶囊技术等农产品加工高新技术,助推农产品加工业的快速发展,助力实施农业现代化及农业碳达峰、碳中和。

6.2 微波技术助推农产品加工业发展

热效应是农产品微波加工的主要作用机制[256]。农产品主要由水、碳水化合物、脂类和蛋白质等极性分子组成,在微波作用下,农产品中的极性分子(如水分子或其他离子)高频振荡并相互干扰,产生类似摩擦的运动,进而产生热量[265]。随着这种能量的持续作用,物料的温度从内到外迅速升高,水分在很短的时间内被去除,这也是微波加热与传统传导式加热的不同之处。

在农产品加工中,由于微波具有效率高、穿透物料能力强、清洁、输入功率容易控制等显著优点,在农产品加热、干燥、育种、保鲜、杀菌、灭虫、杀青和烹饪等方面其微波应用已得到广泛研究[266]。国内外学者的研究成果表明:

(1)通过微波热效应和非热效应的共同作用,可以引起生物体产生一系列的正突变效应或副突变效应,经过微波处理的蚕豆、大麦、小麦、高粱、玉米和水稻等都有不同程度的促进植株生长、增强抗病虫害能力及提高产量等作用[23]。

(2)利用微波或高能粒子杀死新鲜水果和蔬菜中害虫的技术,在某些温度下杀虫率达 100%[25]。

（3）许多危害谷物和谷物产品的昆虫，可以通过短时间暴露于不损害宿主材料的电磁波中而得以控制[26]。

（4）对盒装牛肉等食品进行微波保鲜处理后，能在 0～4℃冷藏柜中保存 42 d，风味不变且新鲜如初，质量胜过一般的冷冻食品[27]。

（5）对小麦进行微波和热风干燥处理的成果表明，时间成本仅为热风干燥的 1/10，并且粮食的蛋白质含量、出粉率均不受影响，无虫蛀现象。

（6）使用微波对南瓜进行膨化，证明南瓜的还原糖含量增加 3.36％，其营养价值得到提升[38]。

（7）微波可以分离提取植物天然成分、加工保健食品、获取天然色素、果胶、植物香油等。在物料营养保持、特殊农（副）产品干燥和药料蒸煮等领域，微波加热技术也得到了应用[41]。

（8）两级输入功率微波萃取可提高蓝莓粉中花青素的提取率，且降解率较低。

（9）微波则可以获取农产品有关组织质量的信息，进而进行某些水果和蔬菜产品质量的无损检测，基于介电特性的甜瓜、苹果、洋葱和大枣无损检测研究成果已被报道[46]。

可以说，微波技术凭借其独特的优势，在农产品（食品）加工业中发挥着重要的作用，然而，农产品的种类繁多，性质各异，尽管微波技术的优点突出、市场需求及开发潜力巨大，但与微波工业化应用相比，农产品微波加工的市场化、规模化应用还远未形成与需要相适应的规模。农产品微波技术从实验室进入规模化加工的过程中，也存在一些亟待解决的关键问题。比如，由于微波场分布的模式谐振特性，导致微波作用存在空间不均匀性，会使物料中存在"过热点"，甚至可能从热源上引发热点甚至热失控问题，极大地限制了微波加热产业的发展。对此，学者们通过调控微波注入方式、调整微波反应腔的腔体结构、引入搅拌掺杂新装置和混合加热等手段优化微波分布均匀性。

总体而言，微波技术在农产品加工领域获得了一些应用，但无论是微波加热、微波干燥、微波育种、微波杀菌还是微波检测，微波应用主要围绕其介电特性而展开，预处理对象（物料）的介电特性始终是影响农产品微波辅助加工和应用效果的最关键参数之一。当前，不同种类的农产品介电参数量化数据相对比较缺乏，准确掌握不同类型农产品的动态介电特性变化是一件非常困难但又非常重要的工作，农产品微波辅助应用中的许多基础性问题仍亟待研究者有针对性地去开展。在今后的研究中要注意以下 5 个方面：①要注意生物内部差异与外部环境的关系。②注意农业物料电特性的双重性，充分利用其有利方面。③结合农业物料生理、生化结构及特性和电学理论进行综合研究。④寻找同一类农业物料电特性的共性，以便形成系列的测试方法和手段。⑤理论的完善、实验方法的改进、实用 技术的创新三者同步发展才能正确理解生物电性质及特殊功能。除此之外，针对不同季节、原料以及不同用途、加工规模的需求，开发多功能、模块化的微波加工设备，或开发适合微波加工的专用农产品品种，是当前和今后一段时间农产品微波加工规模化的潜在解决方案，相信随着这些问题的逐步解决，微波技术在农产品加工领域必将占据更加重要的地位，并将有效地助推农业供给侧结构性改革。

6.3　微波协同应用技术的应用前景

6.3.1　农产品微波联合干燥技术

干燥是农产品微波技术应用的主要方式之一，但由于农业物料内部组织结构、形状、堆积位置、微波场分布和穿透深度的差异,微波加工农产品时会出现局部过热、干燥不均匀引起的"冷点"和"热点"现象[267],这种情况在对含水量高、介电性能分布差异大的物料加热时更为突出。为防止微波干燥过程中出现的干燥不均匀和散热不及时,微波干燥与热风干燥、冷冻干燥或真空干燥等相结合的技术受到了人们的关注,并得到应用和研究[268]。

(1) 微波-热风联合干燥技术:此技术可以弥补热风干燥速率慢的不足,能够提高产品的品质。岑顺友等通过先微波后热风干燥的联合干燥技术,探讨生姜干燥的最佳优化工艺条件,试验表明:在微波功率 590 W、热风干燥温度 63.5℃、干燥转换点含水率 34% 条件下,干燥所得的生姜质量较好,经微波联合热风干燥的姜辣素含量比单独微波干燥提高 17.19%,比单独热风干燥提高 7.47%,联合干燥消耗的能耗占单独热风干燥的 18.40%,联合干燥的时间为单独热风干燥的 19.87%,复水比相较单独使用微波干燥提高 33.59%[269]。刘伟东等研究了微波热风联合干燥技术与传统热风干燥对枸杞品质变化和杀菌效果的影响。结果表明,经过 2 种干燥工艺加工后的枸杞,多糖、总糖和粗蛋白等含量均会减少。其中,在多糖和总糖方面,经联合干燥的枸杞损失率明显低于传统热风干燥,分别降低了 15.44% 和 11.06%;在粗蛋白和粗脂肪损失率方面,两者并无显著差异;相较传统热风干燥,微波热风联合干燥杀菌效果更显著[270]。Aiquan 等采用对流热风、微波及微波-热风联合脱水处理方便米,研究 3 种空气温度(70℃,80℃,90℃)及 3 种微波功率(210 W,300 W,560 W)的干燥动力学、复水动力学和颜色变化。结果表明:与单独使用热风或微波能干燥技术相比,微波-热风联合干燥技术可缩短干燥时间;建立了描述脱水和复水动力学的预测模型;复水产物的脱水率、复水率和颜色变化率随微波水平和空气温度的升高而增大;在干燥时间、复水时间和颜色方面,微波功率 300 W,温度 80℃的联合干燥效果最佳。

(2) 微波-冷冻联合干燥技术:冷冻干燥(freeze drying,FD)被认为是保持产品质量的最佳加工方法,但价格昂贵且效率低下。在微波辅助冷冻干燥(microwave freeze drying,MFD)香蕉片的研究中,发现微波干燥/冷冻干燥后香蕉片在感官评价上没有显著差异,且干燥时间和能耗显著减少[272]。经 MFD 处理后的乳酸菌的存活率没有降低,但干燥时间减少了 80%,与 FD 相比,MFD 具有更强的杀菌作用[273]。微波真空联合干燥(microwave-vacuum drying,MVD)可以生产出质量与 FD 相当的干燥产品,但能耗大大降低,MFD 被认为是更有效的冷冻干燥替代方案[274]。

(3) 微波-真空联合干燥技术:采用微波干燥与真空干燥相结合,可实现物料的快速低温干燥,真空环境解决了单纯微波干燥由于较高温度导致产品局部过热的缺陷,微波对物料直接进行加热,无须通过对流或传导方式传递热量,解决了真空干燥传导速度缓慢、延长干燥时间的缺陷。李武强等对当归片的微波-真空联合干燥特性进行了研究,研究发现,当归片适宜的真空度范围为 -0.075~-0.065 MPa,干燥温度范围为 40~50℃,切片厚度范围为 3~5 mm。有学者对常用的干燥模型进行了探究,发现 Page 干燥模型能够拟合干燥温度和切片厚度的单因素试验,Weibull 分布模型更适合模拟微波真空干燥过程的单因素试验[275]。Monteiro R L 等对微波-真空联合干燥技术生产无油脆片过程中甘薯片的理化性质进行了研究,研究发现:干燥时间<30 min,可获得酥脆的甘薯片,具有低水分和水分活度(0.262),脱水样品表现出高孔隙度(67.5%)和低表观密度(0.456 g/cm³),光学显微照片和声学/机械性能显示,产品结构膨胀,气孔大,新鲜样品和干燥样品之间略有变化,没有焦斑。微波-真空联合干燥技术是一种适合生产高渗透性食品的工艺,具有较高的附加值,可

延长蔬菜货架期[276]。

（4）微波-流化床联合干燥技术：流化床干燥主要用于固体颗粒产品的干燥，具有处理量大、设备结构简单等优点，但对于热敏性物料，使用单一的流化床对其进行干燥，热风温度需要保持在较低温度，以防止干燥造成热敏性物料产品品质下降，而热风温度越低，导致干燥效率降低。采用微波-流化床联合干燥，可以改变物料状态由静带传递-多维运动（如振动、喷射、滚动），可以大大提高微波场物料加热的均匀性，是干燥不均匀的有效解决方案之一[277]。徐世安以椰蓉为研究对象，进行了微波-流化床联合干燥试验，研究椰蓉微波-流化床联合干燥的最佳工艺参数及干燥动力学。试验表明：与普通流化床干燥相比，联合干燥能显著提高干燥速率、复水率及产品外观品质；以单位除湿量能耗和复水率为综合评价指标，椰蓉最佳干燥工艺参数为流化气流速度 1.3 ms、进风温度 90 ℃、微波输出功率0.55 W/g；干燥动力学模型中 Page 模型能较好地描述椰蓉微波联合流化床干燥过程。Wei Q 等开发了负压微波喷射干燥设备，生产膨化干燥食品，带动果蔬休闲食品的发展[278]，随后，脉冲喷射微波真空干燥已被广泛用于干燥水果、蔬菜和草药[279]。Wang D 使用脉冲喷床微波冷冻干燥来干燥苹果片，由于该工艺抑制了干燥过程中的局部过热，有效提高了最终产品的干燥效率和质量[280]。Ds A 发现采用微波-热风滚床能显著提高蘑菇的干燥均匀度[281]。Lu W 开发了微波振动床干燥设备，有效地提高了微波干燥姜片的效率和质量[282]。

（5）微波-红外联合干燥技术：在研究热风干燥和微波-红外联合干燥（microwave-infrared radiation，MW-IR）联合干燥对茄子干燥特性和品质参数的影响时发现，MW-IR 可以显著缩短干燥时间，提高干燥质量[283]。MW-IR 可以减少干燥时间，也可以显著提高产品质量。MW-IR 联合干燥面包屑的研究也得出了同样的结论，与传统干燥方法相比，联合干燥时间缩短了 96.8%～98.6%[284]。MW-IR 联合干燥过程受 MW 和 IR 功率的影响很大。在红辣椒干燥研究中，远红外辅助 MW 真空干燥，干燥速率随着绝对压力、MW 功率和IR 功率的增加而增加[285]。与远红外干燥生产的相比，人参切片的 MW 远红外干燥导致更快的干燥速度，最终产品中的人参皂苷含量更高。可以说，MW-IR 可以提高干燥效率，减少能量损失。

总的来说，微波联合干燥作为一种较为新型的干燥技术，具有干燥效率高、干燥品质好、环保节能等特点。充分利用微波的输入能量准确且易于控制、微波与各种干燥方法相结合的应用灵活等特点[286]，可以大幅提高农产品的干燥效率，通过对干燥机制的研究和干燥工艺的调控可以很大程度地保证干燥后农产品的品质，进一步研究大型、连续性、智能化程度较高的微波联合干燥设备，有望成为提高能源利用率并缓解环境问题的可行性解决方案。

6.3.2 农业废弃物微波热解技术

在现实生产生活中，农业活动导致在主要农作物收获后产生农业废弃物（agricultural waste，AW），如稻草、稻壳、米糠、粮渣、秸秆等。大量的 AW 除了占用土地外，如果简单地丢弃在耕地中，自然生物降解会排放温室气体（CH_4 和 CO_2），从而加速全球变暖[287]，造成潜在的环境问题，有必要使用安全、有效的技术进行妥善处理。

微波热解可将农业废物转化为生物燃料，包括生物炭、生物油和合成气，可以减少废物的数量，降低因固体废物处理不当对环境和人类造成的风险，从而满足循环经济的要求[288]，已成为一种有发展前景的应用技术[289]。AW 的微波热解分为自由水分蒸发、初级分解(如脱水)和次级反应(生物油的再聚合和裂解)等3个阶段。据报道,与传统热解方式(CP)相比,MP具有升温速度快、节能、易控、产品质量好及热解效率高等优点,且其独特的加热机制可以克服许多传统热解技术面临的问题[290]。微波热解时比传统热解更大的合成气体积和生物炭产量(30%~50%)[291],微波热解可以通过提高生物炭的热值和机械性能,软木、硬木、小麦秸秆、大麦秸秆、稻草等农业废弃物经过微波热解,可形成具有良好性能的固体生物炭[292]。Lo S L等从大米加工废料、玉米秸秆、甘蔗副产品、咖啡渣和竹叶中开发了基于木质纤维素成分的经验方程,以预测产品产量(生物炭、生物油和合成气)[293]。

在AV的微波热解决应用中,连续式热解方式是比较好的选择,它可以采用分批进料模式生产生物油,且搅拌、流化的AW原料状态可以避免热失控。相关研究表明,流动式热解更适用于粒径较大的AW,处理速率更快、能量损耗更低,不影响生物燃料的产量和质量,并且发生热失控的风险较低,被认为是一种新型的微波热解技术[294]。

尽管微波热解面临均匀加热、材料处理和热解产物分离等方面的挑战,热解过程中需要面对高温引发的二次反应、低温引起的生解不完全等问题,相关的基础研究也正在逐渐完善,但随着人工智能的蓬勃发展,智能优化算法使微波热解呈现出更好的性能。Zhou利用模糊PID控制器调节温度发现,新算法的应用将响应时间从38 s缩短到4 s,降低了生物质的热分解温度。在现实生产生活中,微波热解可以将丰富的农业废弃物转化为可再生生物燃料(生物炭、生物油和合成气),且通过催化等方式可以有效降低热解成本。热解技术在生物能源生产和废弃物处理方面具有广阔的应用前景,微波热解技术有望成为具有较好应用价值的可持续替代能源生产方法之一[295]。

6.3.3 农产品/食品微波灭菌技术

食品安全是确保公众健康的前提条件。在植物栽培、食品加工、储存和运输过程中,杀虫剂、真菌和霉菌毒素等主要污染物有可能进入食物链。受污染的食品会导致严重的健康问题,成为影响人类健康的全球性问题,对农民生产造成损失。每年世界上大约25%的收获作物都受到病菌的污染,导致巨大的经济损失和粮食浪费[296]。

人们常用物理、化学和生物方法进行杀菌,其中,巴氏杀菌技术可有效灭菌,但高温和长时间加工会对食品的营养和感官特性产生不利影响。在这方面,电磁辐射技术为优化微生物安全、营养保留和感官质量提升提供了机会,如伽马射线、X射线、电子束(EB)、紫外线(UV)、红外线(IR)、可见光(VL)、微波(MW)和无线电波(RW)在谷物等各种食品中的真菌灭活和霉菌毒素去除方面表现出色[297]。在这些技术中,微波加热(MW)和射频加热是介电加热中先进的热处理方法,与电离辐射相比其能量更低,安全性更好,它通过热破坏方法,通过磁场耦合、选择性加热、电穿孔和细胞膜破裂等方式进行微生物消杀,与传统的热处理相比,它可以有效地保持食品的营养和感官特性[298]。已有研究证明,微波对李斯特菌、霉菌、大肠杆菌和金黄色葡萄球菌等多种有害微生物具有明显的抑制作用[299]。苏东民等通过单因素试验考察小麦粉含水率、微波功率和处理时间等因素对蜡样芽孢杆菌微波杀灭效果的影响,在最优灭菌条件下蜡样芽孢杆菌杀灭率高达99%[300]。在利用响应面法优化玉米霉菌的微波灭菌工艺参数,在最佳工艺条件下的灭菌率为99.68%,裂纹率为0,玉米粗蛋白、淀粉及粗脂肪含量的变异系数分别为0.86、2.26和0.21,表明微波对玉米霉菌具有良好的杀灭效果,且对玉米的品质无不良影响。Sobral M研究了MW处理鸡胸肌对10种主要霉菌毒素（DON、FB_1、FB_2、T_2、OTA、ZEN、AFB_1、AFB_2、AFG_1、AFG_2）的影响，发现 AFB_1、OTA、AFG_2 和 FUMs 含量显著降低（$p<0.05$）[301]。Rashidi 认为通过 MW 加热，农产品中霉菌毒素减少率高达 72.5%，MW 辐射是一种安全有效的去除霉菌毒素污染技术，对口感和外观没有不利影响。针对微波处理豌豆和花生产品的研究表明，AFB_2 基本检测不到，AFB_1 从初始水平降低 50% 到 60%。使用微波加热实现了玉米中黄曲霉毒素（AFB_1 和 AFB_2）的有效消除（68%～84%）。Li H H 等用微波处理法兰克福牛肉香肠，结果微波杀菌比热杀菌效果好，质量也较热杀菌高。利用微波杀菌在短时间内既可以杀死细菌同时还可以使酶失活，并且保持了果蔬的价值，以解决在采摘、运输和加工过程中面临的保鲜问题。用微波处理盐渍芦笋的结果表明：芦笋内温度分布均匀，同时相对于水浴加热至少能缩短一半以上的时间，并且相对于热处理芦笋来说品质明显提高。

微波杀菌的特点是食品整体升温快、时间短，且能有效保持食品的色、香、味和营养成分[302]。目前已经开发出连续微波杀菌工艺、脉冲微波杀菌技术、多次快速加热和冷却的微波杀菌工艺等技术，但杀菌的效果决于频率、功率、时间、温度、样品理化特性、微生物类型和毒素类型，针对不同特性的农业产品选择合适的工作参数，可以取得较好的杀菌效果，为农产品（食品）的储藏、运输、保鲜提供保障，与常规杀菌方法相比，微波杀菌技术具有很大的技术和经济上的优势，在能源紧缺和提倡环保的时代，微波杀菌技术未来必将在食品工业中受到广泛的关注和更多的利用。

6.3.4　微波智能处理技术

农产品加工过程中，农产品质量、加工效率、能耗、成本消耗是评价农产品加工电磁波质量的标准。加工过程中如果控制不当，容易造成养分流失、能源浪费和产品质量下降，实现对加工过程中农产品变化的准确监测和控制非常必要。电磁波具有精准、高效、易控制等特点，有学者指出，将电磁波处理中普遍研究的传感器技术、人工神经网络和计算机视觉技术应用于农产品的微波加工控制，可进一步有效地提高产品质量和控制微波作用过程，农产品的智能化加工是农产品加工新技术实现快速高效、优质、节能、精准控制的必然趋势[303]。

（1）传感器技术。传感器技术将被测信息按照一定规律进行处理，并利用它推导出需要输出的信息，即高精度、高灵敏度、高分辨力，实现测量和自动控制，传感器技术可以用于监测干燥过程中的温度和湿度[304]。Li 等设计了自动控制温度和功率的苹果微波干燥系统，实现了样品质量和水分含量的在线获取。在粮食烘干工艺参数的在线自动检测中，在烘干设备中增加了传感器对温度和水分参数进行测量，成功实现了对温度和湿度的精确监测。针对传统的感官评价存在的实时评估局限性，基于嗅觉和味觉传感技术的电子鼻、电子舌装置可以快速表征干燥产品的风味特征，研究表明，电子鼻可以清晰地区分出新鲜水果和干制品，电子舌可以有效地识别咖啡的苦味特征，这预示着电子舌和电子鼻技术将成为未来农产品智能风味检测的重要手段[305]。

（2）人工神经网络（artificial neural network，ANN）。由于微波处理过程复杂且非线性，干扰因素较多，且受水分、温度、物料内部成分等多种因素的影响，物料的干燥状态、干燥质量和干燥结束难以确定，因此，直观准确地描述微波作用过程，实现智能控制和准确反馈成为学者们期望的目标。在众多的技术中，ANN 凭借其强大的自主学习能力、高适应性和高容错性，它可以映射任何复杂动态现象的非线性结构。目前，在电磁波处理中，通过采集发射信号、风味信号、功率等相关信息，并与人工神经网络相结合，实现对物料动态变化的监测、准确反馈和实时调整，产品质量可以得到保证，在电磁波作用过程中的水分含量检测、干燥过程控制、设备优化和产品质量等方面逐步得到了应用[306]。

（3）计算机视觉技术：计算机视觉技术以图像为基础，通过提取特征得到所需信息，实现快速、客观、非接触、无损、智能的评价。在电磁波干燥过程中，材料结构会发生如下变化：①在常压干燥过程中，体积始终收缩；②在真空干燥过程中，结构总是变得松散；③在高真空下发生溶胀现象。计算机视觉技术可以应用于产品的形状、微观结构和颜色变化。例如，在苹果片干燥过程中，可以通过在线识别体积和颜色来控制终点。针对苹果切片中较高的孔隙率，利用体积和图像亮度的组合参数来提高干燥过程中结束的预测精度。可以说，通过计算机视觉技术可用于识别物体并从数字图像中提取定量信息，以提供客观、快速、非接触和无损的质量评估，可有效解决传统方式所面临的困难，随着计算机视觉的应用，在线监测农产品微波处理过程中产品的外观结构成为可能[307]。

采用智能加工技术对电磁波加工系统进行精确监控和控制，有助于降低能耗，降低成本，提高经济效益，实现电磁波技术在农产品中的规模化应用。可以动态监测农产品质量，包括水分含量、感官质量、养分保留、微生物含量、存储性能等。相信随着未来智能技术的发展，可实现多重质量监测和控制，建立农产品综合评价体系，更加全面、系统、准确地保障农产品质量。

参 考 文 献

[1] 师萱,张伟敏,钟耕.介电特性在农产品品质检测分析中的应用[J].农产品加工(学刊),2006(6):136-139.

[2] KARIM A A,KUMAR M,SINGH S K,et al. Potassium enriched biochar production by thermal plasma processing of banana peduncle for soil application[J]. Journal of Analytical & Applied Pyrolysis,2017(123):165-172.

[3] 郭文川,朱新华.国外农产品及食品介电特性测量技术及应用[J].农业工程学报,2009(2):308-312.

[4] 方召,赵志翔.谷物和种子介电特性的研究及应用进展[J].农产品加工(创新版),2010(2):58-61.

[5] ZHU X,GUO W,WU X,et al. Dielectric properties of chestnut flour relevant to drying with radio-frequency and microwave energy[J]. Journal of Food Engineering,2012,113(1):143-150.

[6] 朱凤霞.铜粉压坯的微波烧结研究[D].长沙:中南大学,2008.

[7] 鲍瑞.WC-Co硬质合金的微波烧结制备研究[D].长沙:中南大学,2013.

[8] 李建硕.微波加热过程热点与热均匀性控制与优化研究[D].重庆:重庆大学,2016.

[9] 王绍林.微波加热原理及其应用[J].物理,1997(4):232-237.

[10] ADAM D. Microwave chemistry:Out of the kitchen[J]. Nature,2003,421(6923):571-572.

[11] KAPPE C O. Controlled microwave heating in modern organic synthesis[J]. Angewandte Chemie-International Edition,2010,43(46):6250-6284.

[12] CHANDRASEKARAN S,RAMANATHAN S,BASAK T. Microwave food processing—A review[J]. Food Research International,2013,52(1):243-261.

[13] 钟汝能,姚斌,向泰,等.圆柱形凸槽结构对微波反应器加热效率及均匀性的影响[J].云南大学学报:自然科学版,2017,39(6):981-987.

[14] 钟汝能,姚斌,向泰,等.腔体内壁脊形凹槽对微波反应器加热效率及均匀性的影响[J].食品与机械,2017,33(4):81-85.

[15] 黄卡玛,张兆传,刘长军,等.激波:从微波炉到大工业[J].科技纵览,2017(2):76-77.

[16] 杨晓庆,黄卡玛.关于微波加热中"热点"的探讨[C].2011:23-26.

[17] 季天仁.从微波能应用技术的发展探索其产业化前景[C].2003:72-75.

[18] 丁立贞.微波加热技术专利综述[J].电子世界,2017,11:74.

[19] NELSON S O,TRABELSI S. Use of material dielectric properties in agricultural applications[J]. Journal of Microwave Power and Electromagnetic Energy,2016,50(4):237-268.

[20] 贾红华,周华,韦萍.微波诱变育种研究及应用进展[J].工业微生物,2003,33(2):46-50.

[21] 孔繁武.大豆微波育种研究[J].种子世界,1984(6):28-29.

[22] 里佐威,裴力.微波处理种子对水稻性状的影响[J].农业与技术,1996(2):12-14.

[23] 黄雅琴.微波辐照对蚕豆种子萌发、花粉发育及农艺性状的影响[J].南方农业学报,2017,48(11):1948-1953.

[24] 覃恩荣.微波杀虫效果试验[C].中南地区第二届粮油仓储学术交流会暨储粮新技术研讨会,2008(1):40-44.

[25] 食品伙伴网.澳大利亚科学家发明微波杀虫技术[J].食品与发酵科技,2013(4):60.

[26] NELSON S O. Review and Assessment of Radio-frequency and Microwave Energy for Stored-grain Insect Control[J]. Transactions of the Asae,1996,39(4):1475-1484.

[27] 牟群英,李贤军.微波加热技术的应用与研究进展[J].物理,2004,33(6):438-442.

[28] 李莉,田建文,关海宁.微波加热技术在食品贮藏中的应用与发展[J].保鲜与加工,2006,6(3)：13-15.

[29] 王颖,郭玉明.农业物料介电特性的测试及影响[J].农产品加工(学刊),2010(2)：82-87.

[30] 王首锋,梁海曼.微波能在农业上的应用前景[J].微波学报,1998(3)：264-270.

[31] 杨晓清,田俊.微波技术在我国食品工业中的应用与发展[C].2008：1056-1061.

[32] 常虹,李远志,刘清化,等.微波真空干燥技术及其在农产品加工中的应用[J].农业工程技术(农产品加工),2007(7)：52-54.

[33] 陶亮,陈娟,何船.微波真空干燥技术在农产品干燥中的应用与展望[J].河南科技,2014(22)：24-25.

[34] 孟丹丹,甘晓露.微波真空干燥技术在热敏性和含水率较高的食品中的应用[J].现代食品,2016(5)：116-119.

[35] 吴海虹,朱道正,卞欢,等.农产品干燥技术发展现状[J].现代农业科技,2016(14)：279-281.

[36] 王也,吕为乔,李树君,等.农产品微波干燥技术与装备的研究进展[J].包装与食品机械,2016(3)：56-61.

[37] 王顺民,胡志超,韩永斌,等.微波干燥均匀性研究进展[J].食品科学,2014,35(17)：297-300.

[38] 徐圣兰,石彦国,李春阳.微波膨化南瓜脆片的工艺优化[J].食品工业科技,2011(5)：279-281.

[39] 孙丽娜.微波膨化营养马铃薯片的研制[J].食品科学,1996(6)：71.

[40] 林甄.微波加工浆果介电特性研究[D].哈尔滨：东北农业大学,2013.

[41] 杜义成.微波能技术在农业中的应用[J].甘肃农业科技,2003(5)：47-48.

[42] BORCHERS R,MANAGE L D,NELSON S O,et al. Rapid Improvement in Nutritional Quality of Soybeans by Dielectric Heating [J]. Journal of Food Science,2010,37(2)：333-334.

[43] 廖素溪,曾令杰,郭玉梅.微波干燥对铁皮石斛干燥特性及其活性成分的影响[J].广东化工,2017,44(7)：16-18.

[44] 邓维泽,古霞,闫天龙,等.微波辅助提取金钗石斛多糖及体外抗氧化研究[J].食品研究与开发,2016,37(9)：55-59.

[45] 雷黎明,胡志祥,王先教.微波技术在中药研究领域中的应用[J].湖南环境生物职业技术学院学报,2006,12(3)：278-282.

[46] NELSON S O, TRABELSI S. Dielectric Properties of Agricultural Products [M]. Springer Netherlands,2011：207-213.

[47] 陈金传.微波技术在农产品加工中的应用[J].农产品加工,2003(2)：31.

[48] VENKATESH M S,RAGHAVAN G S V. An Overview of Microwave Processing and Dielectric Properties of Agri-food Materials[J]. Biosystems Engineering,2004,88(1)：1-18.

[49] DATTA A K,ANANTHESWARAN R C. Handbook of microwave technology for food applications [M]. Crc Press. 2001.

[50] 崔政伟.微波真空干燥的数学模拟及其在食品加工中的应用[D].无锡：江南大学,2004.

[51] NELSON S O. Dielectric properties of agricultural materials and their applications[M]. Elsevier：Academic Press,2015.

[52] 张伟燕,刘友春.多模微波加热谐振腔的建模与仿真[J].真空电子技术,2013(5)：22-25.

[53] 黄卡玛,卢波.微波加热化学反应中热失控条件的定量研究[J].中国科学：技术科学,2009(2)：266-271.

[54] SHUKLA A K,MONDAL A,UPADHYAYA A. Numerical modeling of microwave heating[J]. Science of Sintering,2010,42(1)：99-124.

[55] DOMINGUEZ-TORTAJADA E,MONZO-CABRERA J,DIAZ-MORCILLO A. Uniform Electric Field Distribution in Microwave Heating Applicators by Means of Genetic Algorithms Optimization of Dielectric Multilayer Structures[J]. IEEE Transactions on Microwave Theory & Techniques,

2007,55(1)：85-91.

[56] 王亦方,吴祥应,胡斌杰,等.家用微波炉炉腔内电磁场分布的解析计算[J].华南理工大学学报(自然科学版),2000(2)：76-81.

[57] SEBERA V, NASSWETTROV A, NIKL K. Finite Element Analysis of Mode Stirrer Impact on Electric Field Uniformity in a Microwave Applicator[J]. Drying Technology, 2012, 30 (13)：1388-1396.

[58] PLAZA-GONZALEZ P, MONZO-CABRERA J, CATALA-CIVERA J M, et al. New approach for the prediction of the electric field distribution in multimode microwave-heating applicators with mode stirrers[J]. Magnetics IEEE Transactions on,2004,40(3)：1672-1678.

[59] 曹湘琪,姚斌,郑勤红,等.圆柱形微波加热器加热效率及均匀性仿真分析[J].包装与食品机械,2014(6)：29-31.

[60] 叶菁华,于雨田,洪涛,等.微波多模腔金属边界移动对加热的影响研究[J].四川大学学报(自然科学版),2018(1)：81-89.

[61] YAO B,ZHENG Q,PENG J,et al. An Efficient 2D FDTD Method for Analysis of Parallel-Plate Dielectric Resonators[J]. IEEE Antennas & Wireless Propagation Letters,2011,10(1)：866-868.

[62] 巨汉基.微波炉腔体电磁场分布仿真及尺寸结构优化设计[D].成都：电子科技大学,2008.

[63] 朱守正.微波箱式加热器中场分布的研究[J].电子学报,1988(4)：86-93.

[64] WANG S, HU Z, HAN Y, et al. Effects of Magnetron Arrangement and Power Combination of Microwave on Drying Uniformity of Carrot[J]. Drying Technology,2013,31(11)：1206-1211.

[65] BASAK T,RAO B S. Theoretical analysis on pulsed microwave heating of pork meat supported on ceramic plate[J]. Meat Science,2010,86(3)：780.

[66] ALLAN S M, MERRITT B J, GRIFFIN B F, et al. High-Temperature Microwave Dielectric Properties and Processing of JSC-1AC Lunar Simulant[J]. Journal of Aerospace Engineering,2013,26(4)：874-881.

[67] PEYRE F,DATTA A,SEYLER C. Influence of the dielectric property on microwave oven heating patterns：application to food materials[J]. J Microw Power Electromagn Energy,1997,32(1)：3-15.

[68] SSR G, RAKESH V, DATTA A K. Modeling the heating uniformity contributed by a rotating turntable in microwave ovens[J]. Journal of Food Engineering,2007,82(3)：359-368.

[69] 姚斌,郑勤红,彭金辉,等.馈口位置及负载对微波加热效率的影响及其优化[J].材料导报,2012(8)：161-163.

[70] CHA-UM W, RATTANADECHO P, PAKDEE W. Experimental and Numerical Analysis of Microwave Heating of Water and Oil Using a Rectangular Wave Guide：Influence of Sample Sizes, Positions,and Microwave Power[J]. Food & Bioprocess Technology,2011,4(4)：544-558.

[71] WIEDENMANN O, RAMAKRISHNAN R, KILI E, et al. A multi-physics model for microwave heating in metal casting applications embedding a mode stirrer[C]. 2012：1-4.

[72] 孙鹏,杨晶晶,黄铭,等.多模微波加热器的建模与仿真[J].材料导报,2007(s2)：269-271.

[73] CHAMCHONG M, DATTA A K. Thawing of foods in a microwave oven：II. Effect of load geometry and dielectric properties[J]. Journal of Microwave Power & Electromagnetic Energy A Publication of the International Microwave Power Institute,1999,34(1)：22-32.

[74] KOSKINIEMI C B, TRUONG V D, SIMUNOVIC J, et al. Improvement of heating uniformity in packaged acidified vegetables pasteurized with a 915 MHz continuous microwave system[J]. Journal of Food Engineering,2011,105(1)：149-160.

[75] SALEMA A A,AFZAL M T. Numerical simulation of heating behaviour in biomass bed and pellets under multimode microwave system[J]. International Journal of Thermal Sciences,2015,91：12-24.

[76] KASHYAP S C,WYSLOUZIL W. Methods for improving Heating Uniformity of Microwave Owens

[J]. Journal of Microwave Power,1977,12(3):224-230.

[77] COETZER G,ROSSOUW M. Influence of additives on cokemaking from a semi-soft coking coal during microwave heating[J]. Isij International,2012,52(3):369-377.

[78] HORIKOSHI S,OSAWA A,SAKAMOTO S,et al. Control of microwave-generated hot spots. Part IV. Control of hot spots on a heterogeneous microwave-absorber catalyst surface by a hybrid internal/external heating method[J]. Chemical Engineering & Processing Process Intensification, 2013,69(3):52-56.

[79] GLISKI J,HORABIK J,LIPIEC J. Agricultural Raw Materials[M]. Encyclopedia of Agrophysics, Dordrecht:Springer Netherlands,2011,14.

[80] BRI N J S. Finite-Element Modeling Method for the Prediction of the Effective Permittivity of Random Composite Materials[J]. International journal of advanced scientific and technical research, 2012,2(6):309-317.

[81] ZHAO X,WU Y,FAN Z,et al. Three-dimensional simulations of the complex dielectric properties of random composites by finite element method[J]. Journal of Applied Physics, 2004, 95 (12): 8110-8117.

[82] MORADI A. Maxwell-Garnett effective medium theory: Quantum nonlocal effects[J]. Physics of Plasmas,2015,22(4):3743-3759.

[83] JEULIN D,SAVARY L. Effective Complex Permittivity of Random Composites[J]. Journal De Physique I,1997,7(9):310-319.

[84] TORRES F,JECKO B. Complete FDTD analysis of microwave heating processes in frequency-dependent and temperature-dependent media [J]. Microwave Theory & Techniques IEEE Transactions on,1997,45(1):108-117.

[85] SARENI B,KRÄHENBÜHL L,BEROUAL A,et al. Complex effective permittivity of a lossy composite material[J]. Journal of Applied Physics,1996,80(8):4560-4565.

[86] 黄兴溢,柯清泉,江平开,等. 颗粒填充聚合物高介电复合材料[J]. 高分子通报,2006(12):39-45.

[87] ELENA CIOMAGA C,STEFANIA OLARIU C,PADURARIU L,et al. Low field permittivity of ferroelectric-ferrite ceramic composites:Experiment and modeling[J]. Journal of Applied Physics, 2012,112(9):134404-134523.

[88] 高正娟,曹茂盛,朱静. 复合吸波材料等效电磁参数计算的研究进展[J]. 宇航材料工艺,2004(4): 12-15.

[89] DANG Z M,YUAN J K,ZHA J W,et al. Fundamentals,processes and applications of high-permittivity polymer-matrix composites[J]. Progress in Materials Science,2012,57(4):660-723.

[90] SIHVOLA A H. Electromagnetic mixing formulas and applications[M]. Institution of Electrical Engineers,2000:36-37.

[91] PING C,WU R X,ZHAO T,et al. Complex permittivity and permeability of metallic magnetic granular composites at microwave frequencies[J]. Journal of Physics D Applied Physics,2005, 38(14):2302.

[92] JAYASUNDERE N,SMITH B V. Dielectric constant for binary piezoelectric 0-3 composites[J]. Journal of Applied Physics,1993,73(5):2462-2466.

[93] VO H T,SHI F G. Towards model-based engineering of optoelectronic packaging materials: dielectric constant modeling[J]. Microelectronics Journal,2002,33(5):409-415.

[94] HUA H,XU Y. A unified equation for predicting the dielectric constant of a two phase composite [J]. Applied Physics Letters,2014,104(6):49-63.

[95] LIU G,CHEN Y,GONG M,et al. Enhanced dielectric performance of PDMS-based three-phase percolative nanocomposite films incorporating a high dielectric constant ceramic and conductive

multi-walled carbon nanotubes[J]. Journal of Materials Chemistry C,2018,6(40):10829-10837.

[96] MEEPORN K, THONGBAI P, YAMWONG T, et al. Greatly enhanced dielectric permittivity in $La_{1.7}Sr_{0.3}NiO_{4.0}$/poly(vinylidene fluoride) nanocomposites that retained a low loss tangent[J]. Rsc Advances,2017,7(28):17128-17136.

[97] BROSSEAU C. Generalized effective medium theory and dielectric relaxation in particle-filled polymeric resins[J]. Journal of Applied Physics,2002,91(5):3197-3204.

[98] SHIVOLA A H. Self-consistency aspects of dielectric mixing theories[J]. IEEE Transactions on Geoscience & Remote Sensing,2002,27(4):403-415.

[99] LIU C, SHEN L C. Dielectric constant of two-component, two-dimensional mixtures in terms of Bergman-Milton simple poles[J]. Journal of Applied Physics,1993,73(4):1897-1903.

[100] WAKINO K, OKADA T, YOSHIDA N, et al. A New Equation for Predicting the Dielectric Constant of a Mixture[J]. Journal of the American Ceramic Society,2010,76(10):2588-2594.

[101] GIORDANO S. Effective medium theory for dispersions of dielectric ellipsoids[J]. Journal of Electrostatics,2003,58(1):59-76.

[102] DIAS C J, DAS-GUPTA D K. Inorganic ceramic/polymer ferroelectric composite electrets[J]. Dielectrics & Electrical Insulation IEEE Transactions on,1996,3(5):706-734.

[103] PAULIS F D, NISANCI M H, KOLEDINTSEVA M Y, et al. From Maxwell Garnett to Debye Model for Electromagnetic Simulation of Composite Dielectrics Part I: Random Spherical Inclusions [J]. IEEE Transactions on Electromagnetic Compatibility,2011,53(4):933-942.

[104] 张永杰,李江海,孙秦. 复合材料结构等效电磁参数均匀化方法[J]. 电波科学学报,2009(2):280-284.

[105] 陈小林,成永红,吴锴,等. 两相复合材料等效复介电常数的计算[J]. 自然科学进展,2009(5):532-536.

[106] RAJPUT S S, KESHRI S. Structural, vibrational and microwave dielectric properties of $(1-x)Mg_{0.95}Co_{0.05}TiO_3-(x)Ca_{0.8}Sr_{0.2}TiO_3$ ceramic composites [J]. Journal of Alloys & Compounds,2013,581(5):223-229.

[107] CHEN W, HSIEH M. Dielectric constant calculation based on mixture equations of binary composites at microwave frequency[J]. Ceramics International,2017,43:S343-S350.

[108] MCLACHLAN D S. Equations for the conductivity of macroscopic mixtures[J]. Journal of Physics C Solid State Physics,2000,19(9):1339-1354.

[109] SOSA-MORALES M E, VALERIO-JUNCO L, LÓPEZ-MALO A, et al. Dielectric properties of foods: Reported data in the 21st Century and their potential applications[J]. LWT - Food Science and Technology,2010,43(8):1169-1179.

[110] NELSON S O. Density-Permittivity Relationships for Powdered and Granular Materials[J]. IEEE Transactions on Instrumentation and Measurement,2005,54(5):2033-2040.

[111] 周敏姑,欧业宝,张丽,等. 苹果介电特性对其射频加热均匀性的影响[J]. 农业工程学报,2019,35(20):273-279.

[112] NELSON S O. Electrical properties of grain and other food materials[J]. Journal of Food Processing & Preservation,2007,2(2):137-154.

[113] KENT, M. Complex Permittivity of Fish Meal: A General Discussion of Temperature Density and Moisture Dependence[J]. Journal of Microwave Power,1977,12(4):341-345.

[114] KLEIN K. Microwave Determination of Moisture in Coal: Comparison of Attenuation and Phase Measurement[J]. Journal of Microwave Power,1981,16(3):289-304.

[115] NELSON S O, TRABELSI S. Factors Influencing the Dielectric Properties of Agricultural and Food Products[J]. Journal of Microwave Power and Electromagnetic Energy,2012,46(2):93-107.

[116] NELSON S O. Correlating Dielectric Properties of Solids and Particulate Samples Through Mixture Relationships[J]. Transactions of the ASAE,1992,35(2):625-629.

[117] TRABELSI S,NELSON S O. Microwave Dielectric Properties of Cereal Grains[J]. Transactions of the ASABE,2012,55(5):1989-1996.

[118] NELSON S O,TRABELSI S. Principles for Microwave Moisture and Density Measurement in Grain and Seed[J]. Journal of Microwave Power and Electromagnetic Energy,2004,39(2):107-117.

[119] 郭文川,婧王,朱新华.基于介电特性的燕麦含水率预测[J].农业工程学报,2012,28(24):272-279.

[120] ROUTRAY W,ORSAT V. Recent advances in dielectric properties measurements and importance [J]. Current Opinion in Food Science,2018,23:120-126.

[121] 宋来忠,彭刚,姜袁.不规则颗粒随机分布区域的数值仿真算法[J].系统仿真学报,2010,22(1):51-55.

[122] 刘迪辉,谢新艳.汽车发动机底护板复合材料优化设计研究[J].计算机仿真,2017,34(12):149-152.

[123] KILEY E M,YAKOVLEV V V,KOTARO I,et al. Applicability study of classical and contemporary models for effective complex permittivity of metal powders[J]. Journal of Microwave Power & Electromagnetic Energy A Publication of the International Microwave Power Institute,2012,46(1):13.

[124] SARENI B,KRÄHENBÜHL L,BEROUAL A,et al. Effective dielectric constant of random composite materials[J]. Journal of Applied Physics,1997,81(5):2375-2383.

[125] CHEN A,YU Z,GUO R,et al. Calculation of dielectric constant and loss of two-phase composites [J]. Journal of Applied Physics,2003,93(6):3475-3480.

[126] KARKKAINEN K K,SIHVOLA A H,NIKOSKINEN K I. Effective permittivity of mixtures:numerical validation by the FDTD method[J]. IEEE Trans Geoscience & Remote Sensing,2000,38(3):1303-1308.

[127] CHEW W C,FRIEDRICH J A,GEIGER R. A multiple scattering solution for the effective permittivity of a sphere mixture[J]. IEEE Transactions on Geoscience & Remote Sensing,1990,28(2):207-214.

[128] ABDELILAH MEJDOUBI C B. Intrinsic resonant behavior of metamaterials by finite element calculations[J]. PHYSICAL REVIEW B,2006,16(74):1-5.

[129] BROSSEAU C,BEROUAL A. Computational electromagnetics and the rational design of new dielectric heterostructures[J]. Progress in Materials Science,2003,48(5):373-456.

[130] CHENG Y,CHEN X,WU K,et al. Modeling and simulation for effective permittivity of two-phase disordered composites[J]. Journal of Applied Physics,2008,103(3):2105.

[131] MEKALA R. Modeling and Simulation of High Permittivity Core-shell Ferroelectric Polymers for Energy Storage Solutions[Z],Boston:2013.

[132] 浦毅杰,罗冬梅,蔡健.随机分布纳米颗粒增强陶瓷基复合材料性能数值模拟分析[J].武汉科技大学学报,2015,38(2):96-100.

[133] 贾富国,韩燕龙,刘扬,等.稻谷颗粒物料堆积角模拟预测方法[J].农业工程学报,2014,30(11):254-260.

[134] CHEN H,LI T,LI K,et al. Experimental and numerical modeling research of rubber material during microwave heating process[J]. Heat and Mass Transfer,2018,54(5):1289-1300.

[135] 魏硕,谢为俊,郑招辉,等.低湿玉米籽粒的射频加热模拟与试验[J].农业工程学报,2021,37(4):11-17.

[136] 黄凯.玉米籽粒的传质干燥模拟及实验分析[J].工程热物理学报,2017,38(9):6.

[137] GARCIA A,WARNER N,D'SOUZA N A,et al. Reliability of High-Voltage Molding Compounds:

Particle Size, Curing Time, Sample Thickness, and Voltage Impact on Polarization[J]. IEEE Transactions on Industrial Electronics, 2016, 63(11): 7104-7111.

[138] MYROSHNYCHENKO V, BROSSEAU C. Finite-element method for calculation of the effective permittivity of random inhomogeneous media[J]. Physical Review E Statistical Nonlinear & Soft Matter Physics, 2005, 71(2): 16701.

[139] NELSON S O, TRABELSI S. Dielectric Properties of Agricultural Products [M]. Springer Netherlands, 2011: 207-213.

[140] NELSON S O. Dielectric Properties of Selected Food Materials[M]. Elsevier Inc., 2015: 147-165.

[141] NELSON S O. Dielectric Properties of Grain and Seed in the 1 to 50-MC Range[J]. Transactions of the Asabe, 1965, 8(1): 38-48.

[142] NELSON S O, KRASZEWSKI A W. Microwave resonant cavity measurements for determining proportions of coal and limestone in powdered mixtures[Z]. 1998485-1998486.

[143] KNIPPER N V. Use of high-frequency currents for grain drying[J]. Journal of Agricultural Engineering Research, 1959, 4(4): 349-360.

[144] 戴克中. 农产品介电特性的测量和应用[J]. 仪器仪表与分析监测, 1993(1): 27-30.

[145] TO E C, MUDGETT R E, WANG D I C, et al. Dielectric Properties of Food Materials[J]. Journal of Microwave Power, 1974, 9(4): 303-315.

[146] CHEE G, RUNGRAENG N, HAN J H, et al. Electrochemical Impedance Spectroscopy as an Alternative to Determine Dielectric Constant of Potatoes at Various Moisture Contents[J]. Journal of Food Science, 2014, 79(2): E195-E201.

[147] GUO W, ZHU X. Dielectric Properties of Red Pepper Powder Related to Radiofrequency and Microwave Drying[J]. Food & Bioprocess Technology, 2014, 7(12): 3591-3601.

[148] MIURA N, YAGIHARA S, MASHIMO S. Microwave Dielectric Properties of Solid and Liquid Foods Investigated by Time-domain Reflectometry[J]. Journal of Food Science, 2010, 68(4): 1396-1403.

[149] TONG C H, LENTZ R R, ROSSEN J L. Dielectric Properties of Pea Puree at 915 MHz and 2450 MHz as a Function of Temperature[J]. Journal of Food Science, 2010, 59(1): 121-122.

[150] PACE W E W W B G. Dielectric Properties of Potatoes and Potato Chips[J]. Journal of Food Science, 2010, 33(1): 37-42.

[151] SHRESTHA B B O D R. Radio frequency selective heating of stored-grain insects at 27.12MHz: A feasibility study[J]. Biosystems Engineering, 2013, 114(3): 195-204. 2013, 114(3): 195-204.

[152] BOIS K J H L F B. Dielectric plug-loaded two-port transmission line measurement technique for dielectric property characterization of granular and liquid materials [J]. Instrumentation & Measurement IEEE Transactions on, 1999, 48(6): 1141-1148.

[153] 刘芳宏, 刘静, 刘梅英. 颗粒饲料介电特性研究及含水率模型建立[J]. 中国农业科技导报, 2019(5): 85-94.

[154] WANG Y, ZHANG L, GAO M, et al. Temperature- and Moisture-Dependent Dielectric Properties of Macadamia Nut Kernels[J]. Food & Bioprocess Technology, 2013, 6(8): 2165-2176.

[155] 郭文川. 果蔬介电特性研究综述[J]. 农业工程学报, 2007(5): 284-289.

[156] 赵才军, 蒋全兴, 景莘慧, 等. 同轴线测量材料电磁参数的改进 NRW 传输/反射法[J]. 测控技术, 2009(11): 80-83.

[157] BAKER-JARVIS J, VANZURA E J, KISSICK W A. Improved technique for determining complex permittivity with the transmission/reflection method[J]. IEEE Transactions on Microwave Theory and Techniques, 2002, 38(8): 1096-1103.

[158] HUYNEN I, STEUKERS C, DUHAMEL F. A wideband line-line dielectrometric method for

liquids,soils,and planar substrates[J]. Instrumentation & Measurement IEEE Transactions on, 2001,50(5):1343-1348.

[159] ZHAO C J Q J S. Calibration-Independent and Position-Insensitive Transmission/Reflection Method for Permittivity Measurement With One Sample in Coaxial Line[J]. IEEE Transactions on Electromagnetic Compatibility,2011,3(53):684-689.

[160] 秦文,张惠,邓伯勋,等.部分农产品水分含量与其介电常数关系模型的建立[J].中国食品学报, 2008(3):62-67.

[161] 黄勇,坎杂,王丽红,等.介电特性及其在农业生产中的应用[J].现代化农业,2006(2):34-35.

[162] 董怡为.单粒谷物介电常数的测定[C].2007:155.

[163] 廖宇兰,翁绍捷,张海德,等.基于介电特性的农产品品质无损检测研究进展[J].热带作物学报, 2008(2):255-259.

[164] 张娥珍,辛明,苏燕竹,等.铁皮石斛超微粉体外抗氧化性研究[J].食品科技,2014(1):84-88.

[165] 张娥珍,崔素芬,辛明,等.铁皮石斛超微粉与普通粉物理特性的比较[J].热带作物学报,2014, 35(7):1444-1449.

[166] 焦其祥.电磁场与电磁波[M].2版.北京:科学出版社,2010:243-246.

[167] JERMANN C,KOUTCHMA T,MARGAS E,et al. Mapping trends in novel and emerging food processing technologies around the world[J]. Innovative Food Science & Emerging Technologies. 2015,31:14-27.

[168] 钟汝能,姚斌,向泰,等.圆柱形凸槽结构对微波反应器加热效率及均匀性的影响[J].云南大学学报(自然科学版),2017,39(6):981-987.

[169] 钟汝能,姚斌,向泰,等.腔体内壁脊形凹槽对微波反应器加热效率及均匀性的影响[J].食品与机械,2017,33(4):81-85.

[170] SSR G,RAKESH V,DATTA A K. Modeling the heating uniformity contributed by a rotating turntable in microwave ovens[J]. Journal of Food Engineering,2007,82(3):359-368.

[171] 曹湘琪,姚斌,郑勤红,等.圆柱形微波加热器加热效率及均匀性仿真分析[J].包装与食品机械, 2014(6):29-31.

[172] 李明琳.微波炉加热均匀性提升技术研究[C].2015:954-963.

[173] 夏然,唐相伟,栾春,等.平板微波炉食物加热均匀性提升研究[J].真空电子技术,2016(4):51-55.

[174] 叶菁华,于雨田,洪涛,等.微波多模腔金属边界移动对加热的影响研究[J].四川大学学报(自然科学版),2018(1):81-88.

[175] RAGHAVAN G V,ORSAT V,MEDA V. The Microwave Processing of Foods[J]. Stewart Postharvest Review,2005,1(2):1-8.

[176] 姚斌,郑勤红,彭金辉,等.馈口位置及负载对微波加热效率的影响及其优化[J].材料导报,2012 (8):161-163.

[177] YAO B,ZHENG Q,PENG J,et al. Influence of Feeds and Loads to Microwave Heating Efficiency [J]. Materials Review,2012,26:161-163.

[178] MARKOS,PETER. Photonic crystal with left-handed components[J]. Optics Communications:A Journal Devoted to the Rapid Publication of Short Contributions in the Field of Optics and Interaction of Light with Matter,2016:36165-36172.

[179] YANG R G,WONG T Y. Electromagnetic fields and waves/2nd ed[M]. Higher Education Press,2013.

[180] ZHU H C H J B H. A rotary radiation structure for microwave heating uniformity improvement [J]. Applied Thermal Engineering,2018(141):648.

[181] HE J Y Y Z H. Microwave heating based on two rotary waveguides to improve efficiency and uniformity by gradient descent method[J]. Applied Thermal Engineering,2020:178.

[182] HASHIN Z, SHTRIKMAN S. A Variational Approach to the Theory of the Effective Magnetic Permeability of Multiphase Materials[J]. Journal of Applied Physics,1962,33(10)：3125-3131.

[183] NISANCI M H, PAULIS F D, KOLEDINTSEVA M Y, et al. From Maxwell Garnett to Debye Model for Electromagnetic Simulation of Composite Dielectrics—Part II：Random Cylindrical Inclusions[J]. IEEE Transactions on Electromagnetic Compatibility,2012,54(2)：280-289.

[184] THOMAS S, DEEPU V N, MOHANAN P, et al. Effect of Filler Content on the Dielectric Properties of PTFE/ZnAl$_2$O$_4$-TiO$_2$ Composites[J]. Journal of the American Ceramic Society, 2008,91(6)：1971-1975.

[185] BIRCHAK J R, GARDNER C G, HIPP J E, et al. High dielectric constant microwave probes for sensing soil moisture[J]. Proceedings of the IEEE,1974,62(1)：93-98.

[186] WATERMAN P C, PEDERSEN N E. Electromagnetic scattering by periodic arrays of particles[J]. Journal of Applied Physics,1986,59(8)：2609-2618.

[187] 尹文言. 颗粒分布状态对混合媒质效介电常数的影响[J]. 电波科学学报,1991(4)：39-46.

[188] NELSON S O, YOU T S. Relationships between microwave permittivities of solid and pulverised plastics[J]. Journal of Physics D Applied Physics,1990,23(3)：346.

[189] 申小平. 粉末冶金制造工程[M]. 北京：国防工业出版社,2015.

[190] PENG J, YANG J, HUANG M, et al. Simulation and analysis of the effective permittivity for two-phase composite medium[J]. Frontiers of Materials Science in China,2009,3(1)：38-43.

[191] 吕艳丽. 铝粉/聚合物复合材料的制备及介电性能研究[D]. 包头：内蒙古科技大学,2011.

[192] HANEMANN T, GESSWEIN H, SCHUMACHER B. Development of new polymer BaTiO$_3$-composites with improved permittivity for embedded capacitors[J]. Microsystem Technologies, 2011,17(2)：195-201.

[193] XIAO X, STREITER R, RUAN G, et al. Modelling and simulation for dielectric constant of aerogel [J]. Microelectronic Engineering,2000,54(3)：295-301.

[194] 黄良,朱朋莉,梁先文,等. 无机颗粒填充聚合物复合材料的介电性能研究[J]. 材料导报,2014(19)：11-20.

[195] 李玉超,付雪连,战艳虎,等. 高介电常数、低介电损耗聚合物复合电介质材料研究进展[J]. 材料导报,2017(15)：18-23.

[196] 李滚,张亮,杜宁,等. 生物体系介电性质的复合材料理论模型[J]. 材料导报,2017(15)：36-41.

[197] 殷卫峰,苏民社,颜善银. 高介电聚合物基复合材料的研究进展[J]. 材料导报,2013,27(1)：75-79.

[198] QI J, SIHVOLA A. Dispersion of the dielectric Frohlich model and mixtures[J]. IEEE Transactions on Dielectrics & Electrical Insulation,2011,18(1)：149-154.

[199] XIANG T, ZHONG R N, YAO B, et al. Particle Size Influence on the Effective Permeability of Composite Materials[J]. Communications in Theoretical Physics,2018,69(5)：126-132.

[200] ZAKRI T, LAURENT J P, VAUCLIN M. Theoretical evidence for 'Lichtenecker's mixture formulae' based on the effective medium theory[J]. Journal of Physics D Applied Physics,1998, 31(13)：1589.

[201] NELSON S O. Density Dependence of the Dielectric Properties of Wheat and Whole-Wheat Flour [J]. Journal of Microwave Power,1984,19(1)：55-64.

[202] 吴洁华,郭景坤. SiO$_2$-AIN-BN 复合材料的制备和性能研究[J]. 硅酸盐学报,2000,28(4)：365-370.

[203] CHEN L F, ONG C K, NEO C P, et al. Microwave Electronics：Measurement and Materials Characterization[J]. 2004,21(84)：133-134.

[204] 田步宁,杨德顺,唐家明,等. 传输/反射法测量复介电常数的若干问题[J]. 电波科学学报,2002(1)：10-15.

[205] NICOLSON A M, ROSS G F. Measurement of the Intrinsic Properties Of Materials by Time-Domain Techniques[J]. IEEE Transactions on Instrumentation & Measurement,1970,19(4): 377-382.

[206] WEIR W B. Automatic measurement of complex dielectric constant and permeability at microwave frequencies[J]. Proceedings of the IEEE,1974,62(1): 33-36.

[207] POZAR D M. Microwave engineering[M]. Academic Press,2006: 11-13.

[208] 赵才军,蒋全兴,景莘慧. 改进的同轴传输/反射法测量复介电常数[J]. 仪器仪表学报,2011(3): 695-700.

[209] L H,E L,G G. Application of Transmission/Reflection Method for Permittivity Measurement in Coal Desulfurization[J]. Progress in Electromagnetics Research Letters,2013,37: 177-187.

[210] 崔秀明,詹华强,董婷霞. 印象三七[M]. 昆明:云南科技出版社,2009.

[211] 罗美佳,夏鹏国,齐志鸿. 光质对三七生长、光合特性及有效成分积累的影响[J]. 中国中药杂志, 2014,39(4): 610-613.

[212] 夏鹏国,张顺仓,梁宗锁,等. 三七化学成分的研究历程和概况[J]. 中草药,2014,45(17): 2564-2570.

[213] 杨薇,谭景. 三七主根力学特性试验研究[J]. 昆明理工大学学报(自然科学版),2016(1): 75-81.

[214] 侯琴. 三七超微粉体物理特性及有效成分的提取[D]. 哈尔滨:东北农业大学,2014.

[215] 杨薇,尹青剑,张付杰,等. 基于介电特性的三七粉含水率检测与建模[J]. 昆明理工大学学报(自然科学版),2016(4): 81-87.

[216] 龙蔚,张德亮,李学坤. 对云南省马铃薯目标市场的选择分析[J]. 全国商情(理论研究),2010(16): 10-11.

[217] DUNLAP W J, MAKOWER B. Radio-frequency dielectric properties of dehydrated carrots; application to moisture determination by electrical methods[J]. J Phys Chem,1945,49: 601-622.

[218] SHAW T M G J A H. High-Frequency-Heating Characteristics of Vegetable Tissues Determined from Electrical-Conductivity Measurements[J]. Proceedings of the Ire,1949,37(1): 83-86.

[219] FUNEBO T O T. Dielectric Properties of Fruits and Vegetables as a Function of Temperature and Moisture Content[J]. Journal of Food Science,1999,68(1): 234-239.

[220] 马荣朝,秦文,薛文通. 马铃薯糊化过程中介电特性和热特性的分析[J]. 农业工程学报,2008(10): 248-251.

[221] LOOR G,MEIJBOOM F W. The dielectric constant of foods and other materials with high water contents at microwave frequencies[J]. International Journal of Food Science & Technology,1966, 1(4): 313-322.

[222] SHARMA G P P S. Dielectric properties of garlic (Allium sativum L.) at 2450 MHz as function of temperature and moisture content[J]. Journal of Food Engineering,2002,52(4): 343-348.

[223] RYYNANEN S R P O T. The dielectric properties of native starch solutions—a research note[J]. Journal of Microwave Power and Electromagnetic Energy,1996,31(1): 50-53.

[224] OZTURK S K F T S. Dielectric properties of dried vegetable powders and their temperature profile during radio frequency heating[J]. Journal of Food Engineering,2016,169: 91-100.

[225] 张喻,熊兴耀,谭兴和,等. 马铃薯全粉虾片加工技术的研究[J]. 农业工程学报,2006(8): 267-269.

[226] 张明,刘宏源. 药用石斛产业的发展现状及前景[J]. 中国现代中药,2010(10): 8-11.

[227] 宋晓艳,冯晓,赵雪梅. 中药铁皮石斛研究概况[J]. 辽宁中医药大学学报,2015(8): 118-120.

[228] 聂少平童微余强等. 铁皮石斛多糖化学修饰及其对免疫活性的影响[J]. 食品科学,2017,38(7): 155-160.

[229] 金银兵. 铁皮石斛的生物学特性与开花授粉技术研究[J]. 安徽农业科学,2009,37(11): 5280-5282.

[230] 张宇,高飞,王向军,等.铁皮石斛主要化学成分及生物活性研究进展[J].药物生物技术,2015(6):557-561.

[231] 斯金平,陈梓云,刘京晶,等.铁皮石斛悬崖附生栽培技术研究[J].中国中药杂志,2015,40(12):2289-2292.

[232] 黄晓君,聂少平,王玉婷,等.铁皮石斛多糖提取工艺优化及其成分分析[J].食品科学,2013,34(22):21-26.

[233] 张娥珍,黄梅华,辛明,等.铁皮石斛纳米粉与超微粉的物理特性和体外抗氧化活性比较研究[J].热带作物学报,2015,36(12):2184-2191.

[234] 包英华.铁皮石斛种质资源的鉴定与评价研究[D].广州:广州中医药大学,2014.

[235] 白音,包英华,王文全,等.药用石斛鉴定方法的研究进展与趋势[J].北京中医药大学学报,2010,33(6):421-424.

[236] 李兆奎,孙彩华,李美琴.铁皮石斛与几种常用混淆品的红外光谱鉴别[J].海峡药学.2005,17(3):91-93.

[237] 祁强,李萍,张起凯,等.微波技术的最新应用进展[J].化工科技,2009,17(1):60-65.

[238] 沈静波,李冬冬,张海红,等.基于介电频谱的枣果品种鉴别模型的建立[J].食品科学,2017,38(3):69-74.

[239] 范贵生,王莉莎.干酪介电特性与成熟期及成熟度相关性分析[J].食品科学,2017,38(1):80-85.

[240] 徐晓彬.微波技术在中药加工中的应用进展[J].中国药房,2006,17(16):1263-1264.

[241] 苏慧,郑明珠,蔡丹,等.微波辅助技术在食品工业中的应用研究进展[J].食品与机械,2011,27(2):165-167.

[242] 沈平孃,王娟.微波辅助萃取技术应用于现代中药的研究开发[J].世界科学技术:中医药现代化,2006,8(1):16-23.

[243] 蒋小琴.微波技术在中药研究中的应用概况[J].中医药导报,2009,15(8):92-93.

[244] 罗聪佩,何涛,淳泽.红外光谱法在石斛鉴别中的应用研究进展[J].应用与环境生物学报,2013,19(3):537-541.

[245] 管惠娟,张雪,屠凤娟,等.铁皮石斛化学成分的研究[J].中草药,2009,40(12):1873-1876.

[246] 李文静,李进进,李桂锋,等.GC-MS分析4种石斛花挥发性成分[J].中药材,2015,38(4):777-780.

[247] 胡建楣,李静玲,冯鹏,等.Box-Behnken设计优化铁皮石斛中多糖复合酶法提取工艺[J].中药材,2014,37(1):130-133.

[248] 张露月,娄在祥,寇兴然,等.离子液体超声微波协同萃取金钗石斛总黄酮和石斛碱的研究[J].中药材,2017,40(1):152-157.

[249] 国家药典委员会.中华人民共和国药典:2015年版.一部[M].中国医药科技出版社,2015.

[250] 吴彩云,吴天祥,朱俊杰,等.对羟基苯甲醛等3种天麻成分对灰树花胞外多糖生物合成的影响[J].食品科学,2016,37(7):83-87.

[251] 朱迪,谭丹,谢玉敏,等.不同产地天麻药材薄层色谱指纹图谱分析[J].中国实验方剂学杂志,2015(5):75-78.

[252] 谭沙,吴天祥,付红伟.天麻有效成分天麻素提取工艺的优化研究[J].食品科技,2012(9):230-233.

[253] 李志峰,王亚威,王琦,等.天麻的化学成分研究(Ⅱ)[J].中草药,2014(14):1976-1979.

[254] 姜丽,余兰彬,徐国良,等.天麻素和葛根素在大鼠体内联合应用的药动学研究[J].中国中药杂志,2015,40(6):1179-1184.

[255] 宋辉,乔娜.物理电磁天麻速生技术[J].中国食用菌,1997(3):9.

[256] 杜志雄.世界农业:格局与趋势[M].世界农业:格局与趋势,2015.

[257] 黄纪民,李秉正,师德强,等.微波技术在农产品加工领域的应用研究进展[J].广西科学院学报.

2020,36(03)：293-299.

[258] 农业农村部.关于促进农产品加工环节减损增效的指导意见[J].中国食品,2021(2)：149-150.

[259] 李里特.中国产地农产品初加工的现状及建议[J].农业工程学报,2012,28(1)：4.

[260] 黄克昌.带皮澳洲坚果不同贮存形式及贮存期对果仁品质的影响[J].热带农业科技,2006, 29(1)：2.

[261] 彭志东,杨广学,解存玺.云南原味澳洲坚果开口产品加工生产中的关键质量控制点[J].热带农业 科技,2019,42(2)：5.

[262] 古和平.浅述云南澳洲坚果加工工艺[J].云南农业,2007(6)：2.

[263] SILVA F A,MARSAIOLI A,MAXIMO G J,et al. Microwave assisted drying of macadamia nuts [J]. Journal of Food Engineering,2006,77(3)：550-558.

[264] 农业农村部.关于促进农产品加工环节减损增效的指导意见(农产发〔2020〕9 号)[J].中华人民共 和国农业农村部公报,2021(1)：6-8.

[265] FAN K,ZHANG M,MUJUMDAR A S. Recent developments in high efficient freeze-drying of fruits and vegetables assisted by microwave：A review[J]. Crit Rev Food Sci Nutr,2018,152：1-10.

[266] GUZIK P,KULAWIK P,ZAJC M,et al. Microwave applications in the food industry：an overview of recent developments[J]. Critical Reviews in Food Science and Nutrition,2021(5)：1-20.

[267] WANG Y,LI Z,JOHNSON J,et al. Developing Hot Air-Assisted Radio Frequency Drying for In-shell Macadamia Nuts[J]. Food & Bioprocess Technology,2014,7(1)：278-288.

[268] 邢文龙,杨延辰,张小燕,等.微波联合干燥技术在农产品领域的应用[J].农业工程,2021,11(2)： 69-74.

[269] 岑顺友,刘晓燕,任飞,等.微波联合热风干燥生姜片工艺优化[J].中国调味品,2020,45(1)：6.

[270] 刘伟东,顾欣,郭君钰,等.微波热风联合干燥工艺对枸杞品质和表面微生物的影响[J].农业工程 学报,2019,35(20)：7.

[271] JIAO A,XU X,JIN Z. Modelling of dehydration-rehydration of instant rice in combined microwave-hot air drying[J]. Food & Bioproducts Processing,2014,92(3)：259-265.

[272] HAO J,MIN Z,YIN L,et al. The energy consumption and color analysis of freeze/microwave freeze banana chips[J]. food & bioproducts processing,2013,91(4)：464-472.

[273] FAN Y J. Study on the Technique of Pickled Cabbage by Directed Vat Set and Sterilization Process [J]. Journal of Anhui Agricultural Sciences,2010,38(30)：17190-17192.

[274] AMBROS S,MAYER R,SCHUMANN B,et al. Microwave-freeze drying of lactic acid bacteria： Influence of process parameters on drying behavior and viability. Innovative Food Science & Emerging Technologies,2018：S531678598.

[275] 李武强,万芳新,罗燕,等.当归切片远红外干燥特性及动力学研究[J].中草药,2019(18)：9.

[276] MONTEIRO R L,MORAES J,DOMINGOS J D,et al. Evolution of the physicochemical properties of oil-free sweet potato chips during microwave vacuum drying - ScienceDirect[J]. Innovative Food Science & Emerging Technologies,2021,63.

[277] CHAPARRO R,CAMPAONE L A,ARBALLO J R,et al. Combined Microwave Fluidized Red Drying Of Parchment Coffee[C]. 31th Effost International Confernce,2017：10.

[278] WEI-QIANG,YAN,MIN,et al. Study of the optimisation of puffing characteristics of potato cubes by spouted bed drying enhanced with microwave[J]. Journal of the Science of Food & Agriculture, 2010,90：1300-1307.

[279] LIU Y Y,WANG Y,LV W Q,et al. Freeze-thaw and ultrasound pretreatment before microwave combined drying affects drying kinetics,cell structure and quality parameters of Platycodon grandiflorum[J]. Industrial Crops and Products,2021,164：113391.

[280] WANG D,ZHANG M,WANG Y,et al. Effect of Pulsed-Spouted Bed Microwave Freeze Drying on

Quality of Apple Cuboids[J]. Food and Bioprocess Technology,2018,11(1)：941-952.

[281] DS A, WL A, YONG W B, et al. Influence of microwave hot-air flow rolling dry-blanching on microstructure,water migration and quality of pleurotus eryngii during hot-air drying - ScienceDirect[J]. Food Control,2020,114：107228.

[282] LV W,LI S,HAN Q,et al. Study of the drying process of ginger (Zingiber officinale Roscoe) slices in microwave fluidized bed dryer[J]. Drying Technology,2016：1690-1699.

[283] AYDOGDU A, SUMNU G, SAHIN S. Effects of Microwave-Infrared Combination Drying on Quality of Eggplants[J]. Food and Bioprocess Technology,2015,8(6)：1198-1210.

[284] TIREKI S,UMNU G,ESIN A. Production of bread crumbs by infrared-assisted microwave drying [J]. European Food Research and Technology,2006,222(1-2)：8-14.

[285] SAENGRAYAP R, TANSAKUL A, MITTAL G S. Effect of far-infrared radiation assisted microwave-vacuum drying on drying characteristics and quality of red chilli[J]. Journal of Food Science & Technology,2015,52(5)：2610.

[286] ZHANG S, ZHOU L, LING B, et al. Dielectric properties of peanut kernels associated with microwave and radio frequency drying[J]. Biosystems Engineering,2016,145：108-117.

[287] WUEBBLES D J, HAYHOE K. Atmospheric methane and global change[J]. Earth Science Reviews,2002,57(3-4)：177-210.

[288] CHONG C C,BUKHARI S N,CHENG Y W,et al. Robust Ni/Dendritic fibrous SBA-15（Ni/DFSBA-15）for methane dry reforming：Effect of Ni loadings[J]. Applied Catalysis A：General, 2019,584：117174.

[289] GE S,YEK P N Y,CHENG Y W,et al. Progress in microwave pyrolysis conversion of agricultural waste to value-added biofuels：A batch to continuous approach[J]. Renewable and Sustainable Energy Reviews,2021,135：110148.

[290] SU G, ONG H C, CHEAH M Y, et al. Microwave-assisted pyrolysis technology for bioenergy recovery：Mechanism,performance,and prospect[J]. Fuel,2022,326：124983.

[291] MA X Z A J. Microwave pyrolysis of straw bale and energy balance analysis[J]. Journal of Analytical and Applied Pyrolysis,2011,1(92)：43-49.

[292] AFOLABI O, SOHAIL M, THOMAS C. Characterization of solid fuel chars recovered from microwave hydrothermal carbonization of human biowaste[J]. Energy,2017,134：74-89.

[293] LO S L,HUANG Y F,CHIUEH P T,et al. Microwave Pyrolysis of Lignocellulosic Biomass[J]. Energy Procedia,2017,105：41-46.

[294] YEK P,LIEW R K,OSMA M S,et al. Microwave steam activation,an innovative pyrolysis approach to convert waste palm shell into highly microporous activated carbon[J]. Journal of Environmental Management,2019,236(APR. 15)：245-253.

[295] ZHOU J, LIU S, ZHOU N, et al. Development and application of a continuous fast microwave pyrolysis system for sewage sludge utilization[J]. Bioresource Technology,2018：295.

[296] BYTENÍKOVÁ Z, ADAM V, RICHTERA L. Graphene oxide as a novel tool for mycotoxin removal[J]. Food Control,2021,121：107611.

[297] GUO Y,ZHAO L,MA Q,et al. Novel strategies for degradation of aflatoxins in food and feed：A review[J]. Food Research International,2020,140(7)：109878.

[298] AKHILA P P, SUNOOJ K V, AALIYA B, et al. Application of electromagnetic radiations for decontamination of fungi and mycotoxins in food products：A comprehensive review[J]. Trends in Food Science & Technology,2021,114(4)：399-409.

[299] MALINOWSKA-PAŃCZYKEDYTA, KRÓLIKKLAUDIA, SKORUPSKAKATARZYNA, et al. Microwave heat treatment application to pasteurization of human milk[J]. Innovative Food Science,

2019,6(12)：77-82.

[300] 苏东民，赵晓琳，林江涛. 微波对小麦粉中蜡样芽孢杆菌的杀菌效果[J]. 食品与发酵工业，2020，46(4)：6.

[301] SOBRAL M，CUNHA S C，FARIA M A，et al. Influence of oven and microwave cooking with the addition of herbs on the exposure to multi-mycotoxins from chicken breast muscle[J]. Food Chemistry,2018,276：274-284.

[302] 沈海亮，宋平，杨雅利，等. 微波杀菌技术在食品工业中的研究进展[J]. 食品工业科技，2012，33(13)：361-365.

[303] CHEN Y，HE J，LI F，et al. Model food development for tuna (Thunnus Obesus) in radio frequency and microwave tempering using grass carp mince[J]. Journal of Food Engineering, 2020, 292：110267.

[304] CHEN J，ZHANG M，XU B，et al. Artificial intelligence assisted technologies for controlling the drying of fruits and vegetables using physical fields：A review[J]. Trends in Food Science & Technology,2020,105：251-260.

[305] FUJIMOTO H，NARITA Y，IWAI K，et al. Bitterness compounds in coffee brew measured by analytical instruments and taste sensing system[J]. Food Chemistry,2020,342(16)：128228.

[306] SUN Y，ZHANG M，JU R，et al. Novel nondestructive NMR method aided by artificial neural network for monitoring the flavor changes of garlic by drying[J]. Drying Technology,2020：1-12.

[307] ALI M M，HASHIM N，AZIZ S A，et al. Emerging non-destructive thermal imaging technique coupled with chemometrics on quality and safety inspection in food and agriculture[J]. Trends in Food Science & Technology,2020,105：176-185.